中国西藏重点水域渔业资源与环境保护系列丛书

丛书主编：陈大庆

黑斑原鮡
种质资源保护与开发利用

周建设　王万良　刘海平　曾本和　主编

中国农业出版社

北　京

丛书编委会

科学顾问：曹文宣　中国科学院院士

主　　编：陈大庆

编　　委（按姓氏笔画排序）：

马　波　　王　琳　　尹家胜　　朱挺兵

朱峰跃　　刘　飞　　刘明典　　刘绍平

刘香江　　刘海平　　牟振波　　李大鹏

李应仁　　杨瑞斌　　杨德国　　何德奎

佟广香　　陈毅峰　　段辛斌　　贾银涛

徐　滨　　霍　斌　　魏开金

本书编委会

主　　编：周建设　王万良　刘海平　曾本和

副 主 编：潘瑛子　刘　飞　王壮壮　申　剑　佟广香

　　　　　刘　勇

编　　委：牟振波　李宝海　张　驰　张　颖　扎西拉姆

　　　　　席　杰　何文佳　郑宗林　邓晓川　古桑德吉

　　　　　禹　猛　陈美群　王　琳　马　波　杨佐斌

　　　　　严　冬　周朝伟

　　青藏高原特殊的地理和气候环境孕育出独特且丰富的鱼类资源，该区域鱼类在种类区系、地理分布和生态地位上具有其独特性。西藏自治区是青藏高原的核心区域，也是世界上海拔最高的地区，其间分布着众多具有全球代表性的河流和湖泊，水域分布格局极其复杂。多样的地形环境、复杂的气候条件、丰富的水体资源使西藏地区成为我国生态安全的重要保障，对亚洲乃至世界都有着重要意义。

　　西藏鱼类主要由鲤科的裂腹鱼亚科以及鳅科的高原鳅属鱼类组成。裂腹鱼是高原鱼类典型代表，具有耐寒、耐碱、性成熟晚、生长慢、食性杂等特点，集中分布于各大河流和湖泊中。由于西藏地区独有的地形地势和显著的海拔落差导致的水体环境差异，不同水域的鱼类区系组成大不相同，因此西藏地区的鱼类是研究青藏高原隆起和生物地理种群的优质对象。

　　近年来，在全球气候变化和人类活动的多重影响下，西藏地区的生态系统已经出现稳定性下降、资源压力增大及鱼类物种多样性日趋降低等问题。西藏地区是全球特有的生态区域，由于其生态安全阈值幅度较窄，环境对于人口的承载有限，生态系统一旦被破坏，恢复时间长。高原鱼类在长期演化过程中形成了简单却稳定的种间关系，不同鱼类适应各自特定的生态位，食性、形态、发育等方面有不同的分化以适应所处环境，某一处水域土著鱼类灭绝可能会导致一系列的连锁反应。人类活动如水利水电开发和过度捕捞等很容易破坏鱼类的种间关系，给土著鱼类带来严重的危害。

　　由于特殊的高原环境、交通不便、技术手段落后等因素，直到 20 世纪中期我国才陆续有学者开展青藏高原鱼类研究。有关西藏鱼类最近的一次调查距今已有 20 多年，而这20 多年也正是西藏社会经济快速发展的时期。相比 20 世纪中期，现今西藏水域生态环境已发生了显著的变化。当前西藏鱼类资源利用和生态保护与水资源开发的矛盾逐渐突出，在鱼类自然资源持续下降、外来物种入侵和人类活动影响加剧的背景下，有必要系统和深入地开展西藏鱼类资源与环境的全面调查，为西藏生态环境和生物多样性的保护提供科学支撑；同时这也是指导西藏水资源规划和合理利用、保护水生生物资源和保障生态西藏建设的需要，符合国家发展战略要求和中长期发展规划。

　　"中国西藏重点水域渔业资源与环境保护系列丛书"围绕国家支援西藏发展的战略方针，符合国家生态文明建设的需要。该丛书既有对各大流域湖泊渔业资源与环境的调查成果的综述，也有关于西藏土著鱼类的繁育与保护的技术总结，同时对于浮游动植物和底栖生物也有全面系统的调查研究。该丛书填补了我国西藏水域鱼类基础研究数据的空白，不仅为科研工作者提供了大量参考资料，也为广大读者提供了关于西藏水域的科普知识，同时也可为管理部门提供决策依据。相信这套丛书的出版，将有助于西藏水域渔业资源的保护和优质水产品的开发，反映出中国高原渔业资源与环境保护研究的科研水平。

中国科学院院士

2022 年 10 月

前 言

习近平总书记指出，农业现代化，种子是基础，必须把民族种业搞上去，把种源安全提升到关系国家安全的战略高度，集中力量破难题、补短板、强优势、控风险，实现种业科技自立自强、种源自主可控。

黑斑原鮡（*Glyptosternum maculatum*）是唯一分布于雅鲁藏布江中上游的鮡科鱼类，被列为国家二级保护动物，2021年被农业农村部列为十大水产优异种质资源之一。由于西藏特殊的地理环境和高寒的气候特征，使生存在这里的鱼类具有明显的区域特征，在极端环境下表现出的适应性是"渔业种子"培育的基础。

2014年至今，在西藏自治区财政厅、科学技术厅和农业农村厅等单位的支持下，西藏自治区农牧科学院水产科学研究所（以下简称"西藏水产所"）联合四川省农业科学院水产研究所、中国水产科学研究院黑龙江水产研究所、东北农业大学等冷水鱼养殖研究的优势单位，经过反复试验、摸索，在前人的基础上，解决了鱼苗开口饵料筛选和1～3龄苗种培育的关键技术难题，将苗种培育时间不断延长，在黑斑原鮡全人工繁育进程中取得了阶段性的突破。在此过程中，西藏高原鱼类养护科技创新团队全体科技人员付出了巨大的努力，刘海平博士早在2008年便与黑斑原鮡结下了不解之缘，系统开展了外部形态学观察和骨骼解剖学的研究；周建设博士首次在西藏开展了黑斑原鮡规模化的人工繁育工作。十多年来，越来越多的青年科技人员加入了团队，共同肩负起了黑斑原鮡的人工养护重任。西藏自治区农牧科学院原党委书记李宝海先生特别关注黑斑原鮡的养护进程，多方争取项目和资金支持；四川省农业科学院水产研究所邓晓川老师第一时间提供了技术指导；中国水产科学研究院黑龙江水产研究所尹家胜老师、张颖老师、佟广香老师一直关注并给予大量的帮助；西藏自治区农业农村厅畜牧水产处原处长蔡斌、副处长王晓明在政策和基层单位协调方面长期给予配合支持；西藏水产所副所长旺久、司机阿旺曲扎在亲鱼收集过程中付出了诸多努力；西藏水产所原所长牟振波研究员在黑斑原鮡的人工繁育工作中倾注了大量心血，并且在本书的编写过程中做了大量协调和管理工作，西藏水产所副研究员王万良、博士生孙帅杰对所有原始材料进行了汇总和重新分析整理。

近年来，有关黑斑原鮡的研究成果主要在国内外期刊和以学位论文形式发表，作为雅鲁藏布江流域十分重要的鱼类，对其实施可持续保护与利用具有十分重要的意义，对维护流域生态安全和守护高原鱼类生物多样性也将发挥重要作用。本书在前人研究的基础上，对黑斑原鮡全人工繁育进程中的技术成果进行了梳理归纳，以期为黑斑原鮡的抢救性保护提供技术支撑，为全面实现黑斑原鮡的全人工繁育积累经验。期望越来越多的科研工作者持续关注和推动黑斑原鮡保护生物学研究，为其种群维系和种质资源恢复提供技术支持，推动黑斑原鮡的全人工繁育技术研究迈上新的台阶。

由于写作时间较短，黑斑原鮡全人工繁育技术尚未突破，有些内容仅提供参考借鉴，还有待进一步充实和丰富；限于编者学识水平，书中难免存在一些不足，诚望读者批评指正。

编 者

2023 年 5 月

目 录

第一章

中国鮡科鱼类系统发育和
生物学特点研究进展

鮡科（Sisoridae）隶属于硬骨鱼纲（Osteichthyes）、鲇形目（Siluriformes），1911 年由 Regan 建立，是亚洲鲇形目鱼类最大且最分化的科之一，主要分布在我国的西南地区、印度东部、巴基斯坦、缅甸、老挝、越南等地。目前，世界上鮡科鱼类有 16 属，112 种，并且已知的和估计的新种有 70 余种（Pinna，1996）。中国鲇形目共有 11 个科，分别是鲿科（Bagridae）、长臀鮠科（Cranoglanididae）、鲇科（Siluridae）、刀鲇科（Schilbidae）、𩷶科（Pangasiidae）、钝头鮠科（Amblycipitidae）、粒鲇科（Akysidae）、鮡科（Sisoridae）、胡子鲇科（Clariidae）、海鲇科（Ariidae）、鳗鲇科（Plotosidae）（褚新洛，1989）。其中，鮡科作为鲇形目的一科，中国有 12 属 64 种（何舜平等，1996；褚新洛等，1999；杨颖等，2006；Jiang et al.，2015；Kong et al.，2015），包括鲱属（Bargarius）2 种、纹胸鮡属（Glyptothorax）22 种、褶鮡属（Pseudecheneis）6 种、黑鮡属（Gagata）2 种、石爬鮡属（Euchiloglanis）4 种、原鮡属（Glyptosternum）1 种、平唇鮡属（Parachiloglanis）1 种、鮡属（Pareuchiloglanis）15 种和异齿鰋属（Oreoglanis）6 种、凿齿鮡属（Glaridoglanis）1 种、拟鰋属（Pseudexostoma）3 种和鰋属（Exostoma）1 种。鮡科鱼类又可划分为鰋鮡鱼类和非鰋鮡鱼类，其中，鰋鮡鱼类具有胸吸着器，非鰋鮡鱼类无胸吸着器。在 12 属鮡科鱼类中，非鰋鮡鱼类包括鲱属、黑鮡属、纹胸鮡属和褶鮡属这 4 属，其他为鰋鮡鱼类（褚新洛等，1999）。

第一节 资源分布和现状

中国鮡科鱼类集中分布在长江及其以南各大水系及其支流，包括怒江、澜沧江、元江、伊洛瓦底江、长江、珠江、雅鲁藏布江、岷江、金沙江、李仙江和南渡江等 11 条主要河流（表 1-1），涉及省份包括浙江、安徽、福建、江西、湖北、湖南、广东、广西、四川、贵州、云南、西藏、陕西、甘肃和青海等，尤以云南分布最为丰富（褚新洛等，1990；周伟等，2006），其中以纹胸鮡属、鮡属和石爬鮡属分布最为广泛（图版 1）。

鮡类和鰋类呈明显的地理替代分布现象。鰋鮡鱼类分布界域的海拔要高于非鰋鮡鱼类。在非鰋鮡鱼类中，鲱属、黑鮡属、纹胸鮡属分布界域的海拔相对较低，褶鮡属的分布界域的海拔介于鰋鮡鱼类和鲱属、黑鮡属、纹胸鮡属之间。关于鮡科鱼类的地理分布格局研究多有争议，主要集中在鰋鮡鱼类之上。鰋鮡鱼类的分布呈现由东向西逐渐特化的水平变化规律：原鮡属与平唇鮡属仅分布于雅鲁藏布江，异齿鰋属分布于澜沧江以西，拟鰋属则分布于怒江以西，凿齿鮡属与鰋属共同分布于雅鲁藏布江和伊洛瓦底江，而石爬鮡属则仅分布于金沙江（肖海等，2010）。

目前，对鰋鮡鱼类的地理分布主要有 3 种观点：第一种观点认为，鰋鮡鱼类的起源中心位于东喜马拉雅地区（Hora and Silas，1952），但却无法指出确切的地点，亦未能详细勾绘出该类群的散布路线。第二种观点以鲱化石的地质年代为基础，推测鰋鮡鱼类可能出

表1-1 中国鮡科鱼类物种名称及各物种在不同流域的分布情况

属	学名	怒江	澜沧江	元江	伊洛瓦底江	长江	珠江	雅鲁藏布江	岷江	金沙江	李仙江	南渡江	参考文献
鮡属 (Bagarius)	鮡 (B. bagarius)	+											FishBase (2018)
	巨鮡 (B. yarrelli)	+	+	+									刘跃天等 (2010)
黑鮡属 (Gagata)	黑鮡 (G. cenia)	+											FishBase (2018)
	长丝黑鮡 (G. dolichomema)	+											何舜平 (1996)
纹胸鮡属 (Glyptothorax)	墨脱纹胸鮡 (G. annandalei)							+					FishBase (2018)
	回棘纹胸鮡 (G. interspinalum)		+										Mai et al. (1978)
	细斑纹胸鮡 (G. minimaculatus)				+					+			肖海等 (2010)
	龙江纹胸鮡 (G. longjiangensis)				+								黄自豪等 (2017)
	大斑纹胸鮡 (G. macromaculatus)		+										付蕾等 (2008)
	丽江纹胸鮡 (G. lampris)		+										FishBase (2018)
	中华纹胸鮡 (G. sinense)					+							谢仲桂等 (2001)
	海南纹胸鮡 (G. hainanensis)											+	余梵冬等 (2018)
	红河纹胸鮡 (G. honghensis)			+									陈小勇等 (2013)
	白线纹胸鮡 (G. pallozonum)						+					+	余梵冬等 (2018)
	三线纹胸鮡 (G. trilineatus)	+			+					+			蒋志刚等 (2016)
	老挝纹胸鮡 (G. laosensis)		+										金菊等 (2011)
	深色纹胸鮡 (G. obscura)		+										莫天培等 (1986)
	长尾纹胸鮡 (G. longicauda)		+										FishBase (2018)
	扎那纹胸鮡 (G. zainaensis)	+											刘绍平等 (2010)
	德钦纹胸鮡 (G. deqinensis)		+										FishBase (2018)
	亮背纹胸鮡 (G. dorsalis)	+											杨青瑞等 (2011)
	四斑纹胸鮡 (G. quadriocellatus)			+									FishBase (2018)

（续）

属	学名（种）	怒江	澜沧江	元江	伊洛瓦底江	长江	珠江	雅鲁藏布江	岷江	金沙江	李仙江	南渡江	参考文献
纹胸鮡属 (*Glyptothorax*)	穴形纹胸鮡 (*G. cavia*)	+											FishBase (2018)
	珠江纹胸鮡 (*G. zhujiangensis*)				+								马秀慧 (2015)
	福建纹胸鮡 (*G. fukiensis*)			+		+							初庆柱等 (2009)
	斜斑纹胸鮡 (*G. obliquimaculatus*)	+					+						肖海等 (2010)
褶鮡属 (*Pseudecheneis*)	黄斑褶鮡 (*P. sulcatus*)	+	+	+	+			+					杨汉运等 (2011)
	似黄斑褶鮡 (*P. sulcatoides*)		+										周用武 (2007)
	间褶鮡 (*P. intermedius*)			+									周用武 (2007)
	平吻褶鮡 (*P. paviei*)		+	+									褚新洛 (1982)
	无斑褶鮡 (*P. immaculatus*)		+										李斌 (2008)
	细尾褶鮡 (*P. stenura*)	+	+	+									FishBase (2018)
平唇鮡属 (*Parachiloglanis*)	平唇鮡 (*P. hodgarti*)							+					杨颖 (2006)
原鮡属 (*Glyptosternum*)	黑斑原鮡 (*G. maculatum*)							+					张惠娟 (2011)
石爬鮡属 (*Euchiloglanis*)	青石爬鮡 (*E. davidi*)								+				冯健等 (2009)
	黄石爬鮡 (*E. kishinouyei*)								+	+			杨淞 (2014)
	长须石爬鮡 (*E. longibarbatus*)									+			李旭 (2006)
	长石爬鮡 (*E. longus*)										+		杨丽萍等 (2013)
鮡属 (*Pareuchiloglanis*)	中华鮡 (*P. sinensis*)					+			+	+			姚景龙等 (2006)
	前臀鮡 (*P. anteanalis*)								+	+			姚景龙等 (2006)
	壮体鮡 (*P. robusta*)								+				杨颖 (2006)
	四川鮡 (*P. sichuanensis*)								+				杨颖 (2006)
	天全鮡 (*P. tianquanensis*)	+											马秀慧 (2015)

（续）

学名	流域											参考文献
	怒江	澜沧江	元江	伊洛瓦底江	长江	珠江	雅鲁藏布江	岷江	金沙江	李仙江	南渡江	
鲱属（*Pareuchiloglanis*） 长鳍鲱（*P. longipectoralis*）	+											马秀慧（2015）
短体鲱（*P. abbreviatus*）		+										杨颖（2006）
长背鲱（*P. prolixdorsalis*）		+										朱图寿等（2016）
兰坪鲱（*P. myzostoma*）		+										付蕾等（2008）
细尾鲱（*P. gracilicaudata*）		+										FishBase（2018）
大孔鲱（*P. macrotrema*）			+									马秀慧（2015）
长尾鲱（*P. longicauda*）						+						马秀慧（2015）
贡山鲱（*P. gongshanensis*）	+											王龙涛等（2015）
短鳍鲱（*P. feae*）	+			+								陈小勇等（2013）
长脂鲱（*P. macropterus*）	+			+								李旭（2006）
齿鲱属（*Glaridoglanis*） 齿鲱（*G. andersonii*）		+		+			+					马秀慧（2015）
异齿鳅属（*Oreoglanis*） 穗缘异齿鳅（*O. setiger*）		+		+								李旭（2006）
显斑异齿鳅（*O. insignis*）		+		+								何茜等（2014）
大鳍异齿鳅（*O. macropterus*）		+		+								马秀慧（2015）
细尾异齿鳅（*O. delacouri*）				+					+			宇应伟等（2000）
无斑异齿鳅（*O. immaculatus*）	+											马秀慧（2015）
景东异齿鳅（*O. jingdongensis*）		+										马秀慧（2015）
拟鳅属（*Pseudexostoma*） 短体拟鳅（*P. brachysoma*）	+											杨颖（2006）
长鳍拟鳅（*P. longipterus*）	+											杨颖（2006）
拟鳅（*P. yunnanensis*）				+								李旭（2006）
鳅属（*Exostoma*） 藏鳅（*E. labiatum*）							+					马秀慧（2015）

现于晚上新世,并指出鳅鲱鱼类的起源中心在西藏东南部。金沙江形成后,类似原鲱的祖先向东扩散至川西、滇北,随后再向四川东部、西南部扩散,随云南各水系向滇西逐渐隔离。鳅类的出现应伴随喜马拉雅山脉的最后一次抬升,其发生中心可能在云南西北部澜沧江以西,并沿喜马拉雅山脉南坡向西推进,随水系向南扩散(Chu,1979)。第三种观点认为,鳅鲱鱼类最早的祖先在早更新世就已广泛分布于青藏高原夷平面,到了青藏高原第一次隆升时,原鲱类的祖先形成,基本保持了原来的分布格局;第二次隆升形成了类石爬鲱祖先,仅分布于东喜马拉雅地区;而第三次隆升造成东喜马拉雅地区类石爬鲱祖先先后被隔离在金沙江、澜沧江、怒江、元江、珠江和伊洛瓦底江中。在东喜马拉雅地区(即横断山区)的鳅鲱鱼类的特化顺序代表着这些河流的隔离顺序(He et al.,2001;He et al.,2012)。

第二节 鲱科鱼类的起源、演化及系统发育研究概况

鲱科鱼类最早的化石记录是在上新世分布于印度和苏门答腊的鲤(Hora et al.,1939)。生物的起源和演化都有其特殊的地质背景,鲱科鱼类的物种分化过程明显受到青藏高原隆升的影响(何舜平,2001)。青藏高原在隆升过程中对自身生态环境和水系演化产生了深刻的影响,其错综复杂的水系格局孕育了适应于高原特殊环境的特有鱼种,相似或相同的栖息地生态环境通常会引发物种间的表型趋同进化;水系的复杂极易产生地理隔离,形成地理种群(王寿昆,1997)。

在第三纪末期,青藏高原的急剧隆起产生显著的环境变化,如气温骤降和湖泊分离等,使得原始的鲱科鱼类因地理隔离或者生境急剧变化由适应气候温暖的静水或缓流水环境而逐步演化为适应寒冷气候和急流环境,并随着青藏高原的进一步隆起而演化为2个自然支系(郭宪光,2004):一支是黑鲱属(含鲤属、纹胸鲱属),另一支是褶鲱属和鳅鲱群。鳅鲱群根据口吸盘、齿的特异性又分为鳅群和鲱群,其中平唇鲱属、原鲱属、石爬鲱属、鲱属和凿齿鲱属等被称为鲱群,而异齿鳅属、拟鳅属和鳅属则被称为鳅群(周伟,2005)。鲱群鱼类呈现由东向西特化的渐变趋势,鳅群种的分化程度远不及鲱群,分布区多与鲱群重叠,但喜马拉雅山脉北坡和金沙江水系则几乎未发现鳅群踪迹(陈银瑞,1991)。

由此,鲱科鱼类随着青藏高原的隆升而发生特化(肖海,2010)。马秀慧(2015)在研究中国鲱科鱼类系统发育、生物地理及高原适应进化时分析得出鳅鲱鱼类的起源中心在雅鲁藏布江流域(节点44),所有鳅鲱鱼类的祖先均分布于雅鲁藏布江流域(节点42、43和44),而后扩散到青藏高原的周边区域。而更深的节点的祖先分布范围不很确定,如节点41(图1-1)。

马秀慧(2015)研究发现中国的鲱科鱼类起源于中新世晚期,鳅鲱鱼类稍晚,而鳅鲱

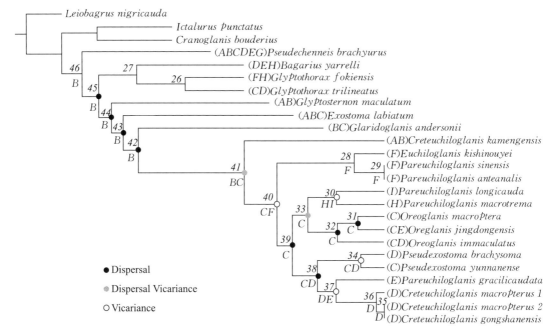

图 1-1　鰋鮡鱼类的祖先地理分布区域重建（马秀慧，2015）

鱼类的特化类群，如鮡属、拟鰋属、异齿鰋属和异鮡属起源于更新世和全新世（图 1-2，彩图 1），并在此基础上利用 PAML 的 free-ratio 模型（Yang，2007），分别计算每个基因的替代速率（图 1-3，彩图 2）。李博（2016）研究结果认为鰋鮡鱼类约起源于 980 万年前，晚于郭宪光（2005）的研究结果，但早于彭作刚（2006）的研究结果，推测原因是各个研究中用来估算分歧时间的基因片段均不同，且郭宪光的研究是基于严格分子钟进行估算的。李博的结果和马秀慧利用线粒体蛋白质编码基因进行鮡科鱼类分化时间的计算研究结果相近，都支持鰋鮡鱼类起源于中新世晚期，在上新世晚期到更新世期间大面积辐射到青藏高原及周边地区这一结论。在上新世晚期到更新世，大量的属开始分化，鰋鮡鱼类的特化类群，如鮡属、拟鰋属、异齿鰋属和石爬鮡属在这一时期暴发式形成并大面积辐射到青藏高原及周边地区。非鰋鮡鱼类的分化时间主要集中在 464 万年前之后。李博认为青藏高原的快速隆升约于 360 万年前开始，300 万年前达到高峰，同时在这一时期，金沙江、怒江、澜沧江和元江也相继形成；而鰋鮡鱼类的特化类群，如鮡属、拟鰋属、异齿鰋属和石爬鮡属也在这一时期暴发式形成，进而扩散到怒江、澜沧江、雅鲁藏布江和伊洛瓦底江的下游，形成鮡科鱼类现有的分布格局；因此，鰋鮡鱼类的种属分化与青藏高原的隆升以及各水系的形成有密不可分的关系（李博，2016）。

　　基于 *Cyt b* 基因组数据集构建的 NJ 树、ML 树和基于 *COX1* 基因组数据集建树结果都支持鮡科和鰋鮡鱼类能构成单系群（李博等，2016），这与已有的形态学研究结果一致（Diogo，2002）。该结论也与周传江（2011）利用 4 个核基因（*RH*，*Glyt*，*myh6*，*Ptr*）重建鮡科鱼类系统发育结论一致，但与何舜平（1999）基于从鮡科 8 属 9 种鱼类的福尔马

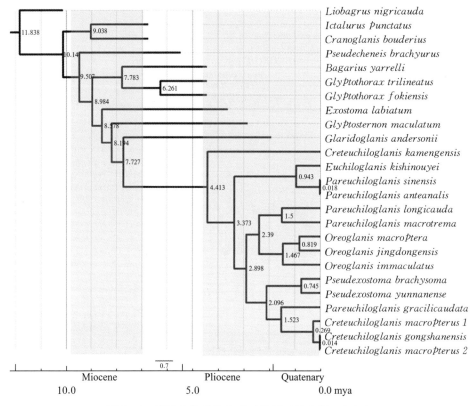

图 1-2 鮡科鱼类系统发育时间树（马秀慧，2015）

林标本中得到 333 bp 的细胞色素 b（Cyt b）基因部分序列探索系统发育关系的研究结果不一致。Cyt b 数据集支持褶鮡属与纹胸鮡属、黑鮡属、鮡属聚在一起构成非鳅鮡鱼类单系群；COX1 数据集支持褶鮡属是鳅鮡鱼类的姐妹群。查阅已有的研究资料发现，在对鮡科鱼类的研究中，褶鮡属被认为是系统发育位置不确定的一个类群，郭宪光（2003）和孔德平、杨君兴（2006）认为褶鮡属是鳅鮡鱼类的姐妹群，与本研究 COX1 数据集建树结论一致。彭作刚（2004）认为褶鮡属位于鮡科系统发育树的基部位置，He（1999）等认为褶鮡属鱼类的系统发育位置处在鳅鮡鱼类内部。

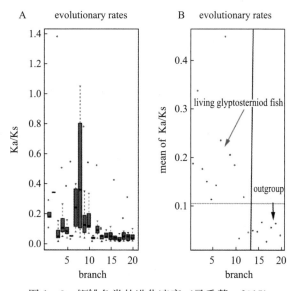

图 1-3 鳅鮡鱼类的进化速率（马秀慧，2015）

A. 红色盒形图表示鳅鮡鱼类，蓝色表示非鳅鮡鱼类；
B. Ka/Ks 的散点图，现生的鳅鮡类高于（红色箭头所示）非鳅鮡类（黑色箭头所示）

在鮡科鱼类的系统发育研究中，存在着诸多争议和分歧。李博（2016）两个基因组数据集均支持原鮡属、鰋属和凿齿鮡属是鳅鮡鱼类的三个原始类群这一结论，与彭作刚（2002）、孔德平（2006）、周传江（2011）等研究结果一致，但与郭宪光（2003）提出的原鮡属处于鳅鮡鱼类的基部这一结论不一致；相反，本研究基于线粒体基因组的研究结果和于美玲、何舜平（2012）利用 *Plagl2* 及 *ADNP* 两个核基因组研究鮡科系统发育提出的凿齿鮡属是鳅鮡鱼类的最原始类群这一结论一致（图 1-4）。藏鰋的系统发育位置一直饱受争议。李博（2016）利用 *Cyt b* 基因组数据集和 *COX1* 基因组数据集对这 3 属的聚类关系也不一致，*COX1* 数据集支持鰋属与凿齿鮡属构成姐妹群，再和原鮡属聚集构成单系群；而 *Cyt b* 数据集支持鰋属与由凿齿鮡属、原鮡属构成的单系群构成姐妹群。结合周伟

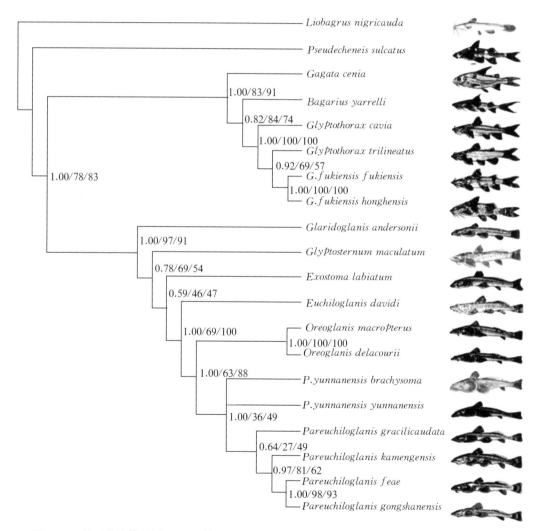

图 1-4　基于线粒体基因 *Cytb* 和核基因 *ADNP*、*Plagl2* 分别采用 Bayes、PhyML 及 RAxML
　　　　软件构建的鮡科鱼类系统发育树（于美玲，2012）

数字代表的依次是 Bayes、PhyML、RAxML 的相应节点支持率

等（2005）提出的鳅鮡鱼类齿形特化方向（鳋属与凿齿鮡属齿型相似）和地理位置分布关系（两者分布区域重叠）等依据，李博（2016）认为鳋属与凿齿鮡属构成单系群，凿齿鮡属是鳅鮡鱼类的最原始类群。

第三节　鮡科鱼类的生物学特性

一、形态

鮡科鱼类主要特征是体长形，前躯扁平或稍扁平，后段侧扁。胸部皮肤特征为有褶皱或无。腹面扁平。头宽阔，扁平。吻宽，前端圆弧形。口下位，横裂或呈弧形。须4对，包括1对鼻须、1对颌须和2对颐须。前后鼻孔紧靠，间有瓣膜相隔，鼻瓣延长呈鼻须。前颌骨和下颌骨具齿；腭骨无齿。鳃盖条5～12。背鳍和臀鳍短，背鳍具有分支鳍条6～7根，起点位于腹鳍之前。臀鳍具有分支鳍条4～9根。胸鳍平展，具或不具硬刺。胸部具有或无吸着器。鳔分左右两室，包于骨质鳔囊内（褚新洛等，1990；丁瑞华等，1993；彭仕盛等，1995；陈宜瑜等，1998）。

鮡科鱼类的形态学研究现在已广泛应用于物种有效性研究及分类地位研究。姚景龙等（2007）对雅鲁藏布江、伊洛瓦底江、怒江和澜沧江4个水系标本的比较，研究了扁头鮡各地理种群间的形态变异及大鳍鮡的物种有效性。发现4个水系的标本相互之间的差异还没有达到亚种水平，应是扁头鮡的地理种群；扁头鮡不同地理种群之间的形态特征，如眼间距、背鳍基长、肛门位置和脂鳍起点位置等性状随海拔高度的下降，自西向东呈梯度变化。李旭等（2008）对伊洛瓦底江和怒江褶鮡属鱼类的形态差异及分类地位进行研究发现，经两次主成分分析，逐步提取分值散点聚在一起的标本，最终分离出5种不同的类型。王汨等（2009）对涪江下游福建纹胸鮡可量性状进行初步研究发现，通过对比涪江下游福建纹胸鮡和中华纹胸鮡的物种有效性，得出中华纹胸鮡和福建纹胸鮡是同物异名的结论。

值得注意的是，谢从新等（2007）发现黑斑原鮡存在"腹腔外肝"，通过连接带与腹腔内的肝脏相连，试验证实在其他鮡科鱼类的一些鱼类也发现了非畸形所致的腹腔外肝，且这些鮡科鱼类腹腔外肝的大小与分布区域海拔存在显著的正相关，即海拔越高腹腔外肝体积越大。黑斑原鮡肝脏发生的过程分为三个阶段：无腹腔外肝阶段是从刚出膜直到出膜；出现"突起"阶段，从第17天开始，第22天结束；腹腔外肝出现阶段始于第22天（张惠娟，2011）。张惠娟（2011）指出，主肝 Cu-Zn SOD、Mn SOD 和 CAT mRNA 的相对表达量均显著大于副肝。从生理生化指标以及功能角度来看，腹腔外肝更应该准确的称之为"副肝"（attached liver）。

二、食性

研究表明，鮡科鱼类的摄食器官特点与食性密切相关，鮡科鱼类常有较发达的肉质唇和口须，适合砾石间探寻食物和吸食。鲵科鱼类的食性较为统一，主要以底栖无脊椎动物和水生昆虫成虫及其幼虫为食，其次为植物碎片、藻类和有机腐屑。巨鲵口下位，口裂宽阔，前上颌骨具锥形齿，齿带较宽，主要以小鱼、小虾为食。青石爬鲵的上下颌均有细齿，排列呈带状，齿尖型，排列紧密，其主要以水生昆虫成虫及其幼虫为食。大鳍异齿鳅上颌齿带分左右两团，齿锥形，下颌齿带分左右两块，外侧主齿列铲形，其主要以水生昆虫幼虫、藻类和植物碎屑等为食。凿齿鲵具有凿形齿，可咬破毛翅目动物的硬壳（丁瑞华等，1993）。

黄自豪（2015）对大鳍异鲵的食性做了初步研究，研究发现大鳍异鲵为底栖动物食性鱼类，以水生昆虫幼虫为主要食物，其中主要捕食种类为双翅目、毛翅目和蜉蝣目。食物组成随季节发生变化：双翅目的出现率冬季较春秋季略高，蜉蝣目和毛翅目春秋季较冬季高，双翅目数量百分比春季最低、秋冬季较高，蜉蝣目与毛翅目则春季最高、秋冬季较低。摄食率从春季到冬季逐渐降低，平均充塞度春冬季节高于秋季。随着个体的生长，双翅目、蜉蝣目的出现率和数量百分比逐渐减少，而毛翅目的比例则逐渐升高。≤90 mm和>120 mm全长组个体的摄食强度高于90～120 mm全长组个体。大鳍异鲵不同季节和不同全长组间的食物重叠率均较高。同时发现，大鳍异鲵口下位，口咽腔大，颌齿发达，鳃耙稀疏，食管粗短，肌层发达，黏膜层具有大量杯状细胞。U形胃，包括贲门部、盲囊部和幽门部，具胃腺。肠道系数为0.93，肠长与体长呈显著线性关系，肠分为前肠、中肠和后肠，肠腔内有密集的肠绒毛。肝脏与胰脏分离，肝脏分为两叶，具有"腹腔外肝"，胰脏弥散分布于前肠和中肠周围。其肠道内的水生昆虫幼虫出现率为100%，其次是沙石、植物碎屑、藻类和寡毛类，分别为26.83%、14.63%、12.68%和3.90%。而王永明（2015）在研究黄石爬鲵食性时发现，黄石爬鲵的消化道由口咽腔、食管、胃、肠、肛门等5部分组成，食管粗短后接V形胃，肠道系数为0.52±0.05，主要以水生生物为食。粤西福建纹胸鲵的胃肠内主要出现水生昆虫和甲壳类，其比例分别为61.54%和56.04%，其余都是由有机碎屑、枝角类和软体动物组成，食性以动物性为主（初庆柱等，2009）。巨鲵的肠长是体长的1.19倍，其肠道内主要含有水生昆虫和小型鱼类（田树魁等，2009）。熊冬梅（2010）对黑斑原鲵消化生理进行研究发现，黑斑原鲵的消化系统具有以下特点：①口下位，吻钝圆，唇具小乳突。口腔和口裂都较大；上下颌有细小的尖齿，齿尖朝里，密集排列形成齿带。舌退化，第一鳃弓外鳃耙数目为5～9。口咽腔顶壁和底壁为复层鳞状上皮，内含味蕾和杯状细胞。②食管粗短，肌层很发达，内壁上有较深的纵向褶，黏膜层有大量的杯状细胞。黑斑原鲵食管前段的黏膜层仍发现少量的味蕾。③胃呈囊状，U形，分为贲门、盲囊和幽门三部分，胃壁内有很深的纵向皱褶，贲门和胃底部有胃腺。④肠管较短，肠道系数约为0.9。肠壁较厚，管腔从前肠到后肠逐渐变小。⑤肝胰脏是分离的，胰腺主要分布在胃、肠道前段和胆囊壁外周以及肠道系膜的脂肪中。其消化道蛋白酶活性以胃最高，前肠、主肝和副肝次之；不同年龄组的消化酶活性有差异，基本趋势随年龄增加而减小。

三、年龄与生长

由于鲇形目鱼类无鳞片，且耳石在鱼类年龄鉴定时，因其沉积的持续性，受到头部外骨骼的保护，能够保持生长的一致性和完整性，而且耳石上的钙质不会被重新吸收和利用，被认为是年龄鉴定的有效材料（张学健等，2009）。但不能一概而论，研究发现，对于不同种类的鱼，胸鳍棘和脊椎骨有时鉴定效果要优于耳石，如李红敬利用脊椎骨、耳石及鳃盖骨对黑斑原鮡年龄的判别能力进行比较，最后发现脊椎骨是作为鉴定年龄的最适材料，依据体长和体重方程判定其生长特点为等速生长（李红敬等，2008）。

黄自豪（2015）利用胸鳍棘作为大鳍异鮡年龄鉴定材料，鉴定结果与脊椎骨的吻合率为 86.36%，胸鳍棘是比较可靠的年龄鉴定材料，年龄范围为 1～9 龄，1～3 龄为主，占 65.00%，生长拐点年龄为 14.48 龄，拐点处的全长和体重分别为 225.00 mm 和 68.40 g。丁城志等（2008）利用脊椎骨整体和脊椎骨磨片来鉴定雅鲁藏布江黑斑原鮡的年龄，发现两者在低龄个体中具有良好的一致性，而在高龄个体上整体的年龄读数较低于磨片年龄读数 1～4 龄。另外，将 Von Bertalanffy 生长方程、三次多项式和 Gomepertz 生长方程对其体长生长描述的差异性进行比较，结果表明 Vone Bartlanffy 生长方程为最佳方程。不同种类的鮡科鱼类，其生长模式也不尽相同。申严杰等（2005）对福建纹胸鮡年龄和生长研究结果表明，脊椎骨可作为福建纹胸鮡年龄鉴定的主要材料，胸鳍棘切片作对照，相符率达 91.89%。年轮主要形成于 3 月、4 月和 5 月，种群由 5 个年龄组组成，以 2～3 年龄组为主。该鱼生长特点为均匀生长，体长与体重成指数关系。其中第 1～2 龄的生长迅速，且 2 龄的年增积量最大。而黄静（2018）拟合得大鳍异鮡体重与全长的关系式为 $W=1E-4L^{2.4807}$（$R^2=0.8189$，$n=180$），其生长属异速生长类型。鮡科鱼类的个体一般较小，如黄石爬鮡一般体长小于 20 cm，体重小于 150 g（Li et al.，2015）；黑鮡一般体长小于 20 cm，体重小于 200 g（Islam et al.，2016）。王汨等（2009）对涪江下游福建纹胸鮡可量性状进行初步研究发现，涪江下游福建纹胸鮡丰满度雌雄差异不显著，但季节差异显著，并得出福建纹胸鮡生长类型为均匀增长型。

四、繁殖

目前学者对鮡科鱼类的繁殖生物学研究甚少，仅在原鮡属、石爬鮡属及纹胸鮡属上有少量报道。鮡科鱼类中的石爬鮡属具有特殊生殖方式，成熟雌鱼的卵巢只有一个，呈囊状，成熟雄鱼在肛门后方具有明显的生殖突起，采用体内受精方式，这在淡水鱼类中极为罕见，猜测可能与其生存在水流湍急的环境有关。

陈美群（2016）发现鮡科鱼类的怀卵量一般较其他鱼类低，一般认为繁殖力小的鱼类具有护卵或营巢的行为，鮡科鱼类一般喜欢生活于水流湍急河流内，但在生殖时期又会选择水流极为平缓的砂石或砾石空隙间产卵，猜测其可能有护卵的行为。初庆柱（2009）对粤西水域的福建纹胸鮡进行研究发现，福建纹胸鮡雌雄性比为 1.16∶1；性腺成熟系数雌性为 0.263%～19.048%，雄性为 0.101%～3.226%；个体绝对怀卵量在 45～420 粒，平均（140.9±74.7）粒；相对怀卵量在 31.7～130.4 粒/g，平均（64.3±21.1）粒/g。丁城志（2008）对雅鲁藏布江拉萨河的黑斑原鮡进行繁殖生物学研究发现，雄性黑斑原鮡最小性成熟的个体体长 139.66 mm，性体指数 0.73%，相应年龄为 5 龄。雌性黑斑原鮡最小性成熟（卵巢Ⅳ期）个体体长 146.78 mm，性体指数 11.52%，相应年龄为 5 龄。有关鮡科鱼类生殖期、怀卵量、卵径大小、受精卵特征等数据如表 1-2 所示。

表 1-2　部分鮡科鱼类繁殖生物学数据

物　种	生殖期（月）	怀卵量（粒）	卵径（mm）	成熟卵颜色	受精卵特征	参考文献
福建纹胸鮡	4—5	500～1 500	1.5～2.0			初庆柱等（2009）
中华纹胸鮡	5—6	800～1 000	1.0～1.8			谢仲桂等（2001）
青石爬鮡	6—7	150～500	3.0～4.0	黄色	黏性	冯健等（2009）
黄石爬鮡	9—10	100～500	4.0～5.0			唐文家等（2011）
黑斑原鮡	6—7	141～2 102	2.3～3.2			周建设等（2016）

第四节　鮡科鱼类的高原适应性

青藏高原是世界上海拔最高的高原，平均海拔超过 4 000 m，被誉为地球的"第三极"，以低氧、强辐射、低气温等著称，整个青藏高原总面积超过 250 万 km²，是亚洲许多河流的发源地，也是全球生物多样性研究的热点（张丁玲，2013）。尽管在这样恶劣的环境条件下，仍有一些物种进化出能够适应高海拔的一些特征，从而更好地生活在这一地区。对高海拔环境的适应性，一直是进化生物学研究的重要课题，也是生物学家一直关注的重点和核心问题。

局域适应（Local adaptation）作为生物适应自然环境的重要一面，也是高原适应性研究的重要组成部分，在自然界中普遍存在，其在生物多样性塑造、物种遗传变异维持、物种分布范围扩张以及生态物种形成等方面起着重要作用。鱼类具有很强的环境适应能力，容易随环境改变而发生适应性演化并最终形成新的物种，因而使得鱼类成为当今脊椎动物中物种数最为丰富的类群。另外，生活于水体中的鱼类，其分布受到水系的严格限制，遗传分化和种群结构容易受到地质历史事件的影响。因此，讨论淡水鱼类的演化历史间接的能够推断与古水系演化历史间的关系，为其他研究地质演化历史学科提供印证材料（Hewitt et al.，2004；Qi et al.，2007）。与其他脊椎动物相比，鱼类分布与其栖息的水体环境之间有着密切的联系，气候因子聚类分析结果显示：降水量、气温和海拔高度的差异是引起石爬鮡复合种局域适应及物种形成的关键气候因子（李燕平，2017）。因此，鱼类特别是淡水鱼类是研究高原适应性和物种形成的理想类群。

中国西南地区水系复杂，较易形成地理隔离。第三纪青藏高原隆起引起的地质变化造成了东部南北走向的横断山区的形成，其原有河流随着地形地势的变化发生了局域性重塑，河流袭夺和河流变迁会使得原来同一种群的鱼类被分割成不同的地理种群，进而导致不同地理种群发生遗传漂变（Durand et al.，1999）。由于青藏高原隆升导致河流的袭夺，导致河流系统重排进而形成现有的河流系统。此区域淡水鱼类的演化可反映青藏高原复杂的地理结构，随着青藏高原的隆升，形成了鱼类现有的分布格局以及促进了不同分类阶元的隔离分化（Hurwood et al.，1998；Montoya－Burgos et al.，2003；Zhang et al.，2015）。青藏高原隆升改变了其周边区域的地质历史结构以及水文系统，使分布于青藏高原的物种由于气候历史变化及其地貌特征而分化，所以青藏高原的物种是研究高原适应性及遗传分化的良好模型。鮡科鱼类活动能力弱且高度适应底栖生活，易产生地理隔离，形成不同地理种群的概率很大。现在国内关于青藏高原鮡科鱼类高原适应性研究主要集中在形态特征分化及分子生物学等领域进行研究。

一、基于形态特征分化研究的高原适应性

对鮡科鱼类进行形态学研究后发现，不同水系间的鮡科鱼类存在着6种不同程度的表型分化，而这很可能是物种长期适应其生活环境的结果。更新世冰期的气候及地质事件被认为是导致这一时期物种和种群分化的重要原因之一（Yan et al.，2013；Yu et al.，2014），更新世冰期消退导致种群分化以及新支系物种的产生，具体过程可以概括为：冰期不利于生物种群的扩散，其生存空间主要局限在冰期避难所，到间冰期的时候，外部环境和气温的改善有利于种群扩散到不同的栖息场所，而冰期再次来临则导致扩张的种群面临灭绝或种群向避难所的再次收缩。冰期的循环引起了地理群体的扩张和收缩，使得物种在此过程中不断从不同的环境之间迁徙，加速了物种的适应性进程，导致异域物种形成（Hewitt et al.，2000；Hewitt et al.，2004）。分布于青藏高原边缘的主要物种在冰期消退以后经历过种群扩张，也就意味着青藏高原边缘东南部的横断山区的南北纵向的间隔分布，这有可能成为冰期时期我国西南部重要的生物避难所之一（Qu et al.，2009；Qu et al.，2010）。贡嘎山位于青藏高原的东部边缘，高海拔的特殊环境和地理位置使其成为重要的季风海洋性冰川中心；由于该地区冰期的循环所造成的冰川侵蚀和堆积的地貌特征至今仍保存较好，根据地质测定，最久远的冰川循环所形成的地理遗迹可追溯至第四纪（Thomas et al.，1997）。冰期循环同时加快了冰期后种群扩张过程，形成了不同的遗传变异模式（Li et al.，2009）。此外，地质历史事件也显著地影响着该地区物种的遗传分化情况（Yu et al.，2014）。山脉的隆升以及河流改道形成了地理屏障，有可能阻碍了群体间的基因交流，促进了群体间的遗传分化，这些遗传分化在遗传漂变和自然选择中得以固定，最终形成新的物种（Streelman et al.，2003；Che et al.，2010）。

（一）体型分化

鮡科鱼类的体型随栖息环境的不同，大致可分为3种类型：①常规型：或称鲀型，为

鮡科最基本的体型。头部及背鳍以前的体躯平扁，背鳍以后的体躯及尾部侧扁。背鳍为身体最高处，与体宽约相等。此类体型见于鮡属、纹胸鮡属和褶鮡属，而后二者在胸部形成了吸盘，凭此附着在基底上。②侧扁型：头和身体均侧扁，国内仅见于黑鮡。③平扁型：体宽大于体高，背缘弧度平缓，胸腹部平坦，偶鳍向体两侧展开，鰋鮡类多为此类型（褚新洛等，1990）。由于高原水域多急流，鰋鮡鱼类这种平扁型的体型更能抵御湍流的冲击。同时，还高度特化出一些与山涧激流相适应的特征，主要表现为头骨极其扁平，颌骨和额骨高度特化且发达（罗泉笙和钟明超，1990），这种形态特征可以减少水流冲击对其运动的影响，使其在底栖激流环境中得以生存。张惠娟（2011）发现鮡科鱼类的分布海拔与体形纵扁程度呈极显著正相关。

（二）尾鳍的分化

鮡科鱼类典型的尾鳍形状为二深分叉，两叶等长或有一叶稍长（鮡属、纹胸鮡属、褶鮡属），演化趋势为分叉渐变浅（平唇鮡属、鰋属），继续变浅呈微凹或平截（鰋鮡的多数属种）（丁瑞华等，1993）。尾的形状与行动或习性有密切关系，与尾柄的变化具偶联关系。尾柄是行动的动力之所，急流中善游者常具圆实而细长的尾柄，尾鳍深叉。居江河平原缓流水环境种类的尾柄一般侧扁粗短，尾鳍一般也分叉；鰋鮡鱼类多为急流石居，或潜伏泥底，或吸附石面，有的则穿行于岩缝之间。它们活动较少，其尾柄肥壮，摆动迟钝，尾鳍平截或浅凹。

（三）偶鳍的分化

鮡科鱼类胸鳍分化主要表现在两方面：首先是鳍位、鳍的形状和鳍条数目的变化（彭仕盛等，1995）。鮡、黑鮡、纹胸鮡和褶鮡的胸鳍侧位，这是典型鮡类的胸鳍的位置，在鰋鮡类则下降至与胸腹平面一致。胸鳍外角由尖形演变呈团扇形，水平展开。鳍条由典型种类的8~12根增至20根，且大大变长，借以扩展面积，加强吸附效能。其次是胸鳍第一鳍条的变化，由后缘带锯齿的硬刺（鮡、黑鮡、纹胸鮡）演变为宽扁的软条，其腹面具羽状吸着皱褶（褶鮡、鰋鮡类），相对应的是这些类群的腹鳍亦甚为特化，第一鳍条的腹面亦具皱褶。腹鳍与胸鳍配合一起参与胸腹面的吸附作用。李燕平（2017）在不同水系石爬鮡复合种的各个鳍条的起点、背鳍长、脂鳍长以及尾柄高等这些特征上发现差异。鳍条以及尾柄主要和鱼类的游泳能力有关，这可能是不同河流的流速存在差异而造成这些表型的差异。

（四）口部的分化

鮡科鱼类的口下位，齿形变化最大者莫过于鰋鮡鱼类。鮡科鱼类的齿以尖形最为普遍，细长而密生称为绒毛状齿，形成齿带，齿端斜向口腔，具有攫取食物而不致滑脱的功能（陈宜瑜等，1998）。有的种类齿排列稀疏，变得粗壮呈尖形齿，则有类似于犬齿的功能，为凶猛性种类所常有。多数鰋鮡鱼类具尖形齿，而凿齿鮡具凿形齿，拟鰋具铲形齿，

15

藏鮡为混合形齿。不同的齿形功能各异，凿形齿便于咬破毛翅目昆虫的硬壳，铲形齿便于铲刮石面的附生生物，混合形齿则兼具铲掘功能。所以，齿形与食性密切联系，而食性与栖居环境有关。高原水体各不相同的独特生境造就了鰋鮡鱼类的齿形分化。李燕平（2017）发现不同水系的石爬鮡复合种的一个主要的形态变异表现在口部。由于该物种是底栖型鱼类，引起不同水系石爬鮡复合种口部形态变异显著的原因可能是：不同生态环境的石爬鮡复合种的食性有差异，而口部是捕食的关键部位，为了适应不同的食物源而导致口部形态的变异，这可能是因为适应外部生态环境而导致形态适应的典型现象。

（五）须的分化

鮡科鱼类的须相对较长，寻觅食物更多依靠的是须的触觉和嗅觉。而鰋鮡类的颌须短钝，基部有宽膜与吻侧相连，腹侧有许多羽状皱褶，司吸着，共同形成口吸盘，触觉功能反成次要（周伟等，2006）。这样，鰋鮡鱼类的口部及颌须、胸鳍和腹鳍相互配合形成一个“大吸盘”，更加适应落差大、多急流的高原水体环境。这种胸吸着器构造，与偶鳍相配合，几乎是在基底表面“爬行”。凭借这种运动方式，鰋鮡鱼类能克服溪流上近乎垂直的一些不高的断面，出现在断面之上的溪流中。

（六）鳃孔的分化

鳃孔的大小变化悬殊（彭仕盛等，1995）。鲱属的鳃膜不与鳃峡相连，鳃孔最大。黑鮡属和纹胸鮡属的鳃孔缩小，鳃膜与鳃峡相连，鳃孔下伸至腹面。褶鮡属的鳃孔向腹面伸展仅略过胸鳍起点；鰋鮡群的鳃孔进一步缩小，至多达胸鳍第一不分支鳍条的上基，甚至更小。鳃孔从头的腹面向两侧缩小的趋势反映了鮡科鱼类适应急流中底栖生活的演化趋势，因为腹位鳃孔不利于它们在急流中吸附物面和进行呼吸，而急流中含氧量的增加，为鳃孔的缩小提供了有利条件。

二、基于分子生物学研究的鮡科鱼类高原适应性

除了形态方面的表型分化，鮡科鱼类的高原适应性进化可能首先表现在分子水平上（马秀慧，2015）。关于高原适应性的分子生物学方面研究主要集中在线粒体基因组及比较转录组研究。

（一）基于线粒体基因组研究的鮡科鱼类高原适应性

线粒体细胞色素 b 基因（*Cytochrome b*，*cyt b*）具有进化速率适中，包含种内到种间较强的进化信号，在线粒体蛋白编码基因中其结构和功能较为清楚的优点（Avise et al.，2000）。线粒体在 ATP 的合成以及热量产生过程中起重要作用，而青藏高原的高海拔环境对于线粒体基因可能具有强烈的选择作用。这点也在早期的一些物种的研究中得到证实，包括鼠兔（Luo et al.，2008）、山羊（Hassanin et al.，2009）及藏野驴（Luo et al.，2012）等，这些生活在高原上的动物的线粒体基因组均受到强烈的正向选择作用。

这些研究多见于哺乳动物，对于鱼类，仅有裂腹鱼类有过报道（Li et al.，2013）。马秀慧（2015）研究发现鳠鮡鱼类的线粒体基因组比非鳠鮡鱼类具有更快的进化速率。这说明了生活在相似的生态环境中的物种具有趋同进化效应，使其具有相似的形态和生理特征（Stern et al.，2013）。其中，特化的鳠鮡鱼类比基部的鳠鮡具有更高的 Ka/Ks 值，这说明为了更好适应高原环境，特化的鳠鮡鱼类的进化速率更快。所以，鳠鮡鱼类受到高原的正向选择作用，从而加快了线粒体基因的进化速率，以更好适应高原极端环境。高原物种在适应进化过程中，受到正向选择和扩张的基因很多都与低氧和能量代谢的代谢通路有关（马秀慧，2015）。这与李燕平（2017）对横断山区石爬鮡复合种基于水系间差异的 SNP 以及受选择位点的 GO 注释结果的 GO 富集分析结果一致：富集到的 GO terms 主要与细胞分化、调节细胞形态、组织结构发育、转录、代谢、离子跨膜转运、突触传递、机体应激反应、细胞对氧水平降低和缺氧的反应及免疫应答等基本生物学功能相关。

（二）基于比较转录组研究的鮡科鱼类高原适应性

青藏高原隆升改变了其周边区域的地质历史结构以及水文系统，使分布于青藏高原的鮡科鱼类由于气候历史变化及其地貌特征而分化，所以青藏高原的鮡科鱼类是研究高原适应机制及遗传分化的良好模型。然而，迄今为止，仍没有一个基因组水平的数据可供参考。对于没有参考基因组序列的非模式动物，转录组测序是一种很有效、成本低、相对容易实现的一种方法，因为转录组直接得到蛋白编码基因，能够检验其是否受到自然选择。近几年来，比较转录组被广泛用于研究很多基础进化的遗传机制，包括适应进化（Axelsson et al.，2013；Zhang et al.，2014；Koch et al.，2014）、物种分化（Harr et al.，2012；Soria－Carrasco et al.，2014；Van Leuven et al.，2014）以及遗传变异等方面（Guo et al.，2012；Aflitos et al.，2014；Joseph et al.，2015）。马秀慧（2015）采用比较转录组的方法，搜寻 6 个不同海拔分布的鲇形目鱼类中可能与高原适应进化有关的基因，并且鉴定其相关的功能。取采自于中国的黑斑原鮡、中华鮡、大孔鮡、鲇、黄颡鱼以及非洲的真鳍歧须鮠的肝脏组织，利用 Illumina 的测序平台测序转录组。通过比较转录组，成功鉴定出受到正向选择的基因。通过与模式动物的基因组比较，对这些基因的功能进行注释，列出了受到正向选择的基因中可能与高原适应有关的基因。

第五节　鮡科鱼类的肌肉营养分析

在食物的诸多营养元素中，蛋白质是首要的，而蛋白质主要是由许多氨基酸组成的，因此食物蛋白质营养实质上就是氨基酸营养。氨基酸的组成和含量，尤其是人体所需的 8

种必需氨基酸含量的高低和构成比例，就成为评价食物蛋白质营养价值的最重要指标（潘艳云等，2009）。氨基酸组成模式的研究在鱼类营养学和人工配合饲料配方设计上有着重要意义，饲料组成对肌肉氨基酸（银鲳幼鱼）会产生影响（彭士明等，2012），对鱼类的生长发育起着至关重要的作用，对鱼类的营养价值起到主要决定因素（李爱杰，1996）。利用必需氨基酸指数（EAAI）评价鱼饲料蛋白源（胡国宏和刘英，1995）。鱼体的氨基酸含量，特别是游离氨基酸库中的一些呈味氨基酸，能让食物呈现鲜美的味道（武彦文和欧阳杰，2001），其种类和含量对养殖鱼类的品质和口味有重要影响（姜作发等，2005）。

因此，我们搜集了 42 种鱼类，涵盖了鲇形目鱼类、鲤科鱼类，整理了这些鱼类的氨基酸组成，采用神经网络的聚类算法（Self organizing maps，SOM）进行聚类，以期反映鲇形目鱼类和鲤科鱼类肌肉中氨基酸组成特征。

鲇形目鱼类之间氨基酸组分差异较大。鮠科（瓦氏黄颡鱼和黄颡鱼）、鲿科（长吻鮠和粗唇鮠）（C1 类）（图 1－5、表 1－3、表 1－4）与鲇科、鮡科的鱼类（C2 类）氨基酸组分差异较大。鲇科、鮡科的鱼类较之鮠科、鲿科的鱼类，16 种氨基酸含量、总必需氨基酸、总氨基酸、呈味氨基酸、必需氨基酸指数均较高，均达到了显著差异水平（$P <$ 0.05）。黄自豪（2015）在研究大鳍异鮡的肌肉营养时发现，大鳍异鮡平均含肉率为 70.09%。肌肉中水分、粗蛋白、粗脂肪和灰分的含量分别为 78.31%、19.29%、1.19% 和 1.21%。肌肉含 18 种氨基酸，在干样中的占比为 87.77%，8 种必需氨基酸的占比为 36.56%，必需氨基酸组成符合 FAO/WHO 标准，EAAI 为 71.72。甜味、苦味、酸味、鲜味氨基酸的含量（干样）分别是 42.70%、30.69%、25.87% 和 23.79%。含 14 种脂肪酸，占干样的比重为 3.99%，饱和脂肪酸、单不饱和脂肪酸和多不饱和脂肪酸的含量分别为 33.85%、25.00%、41.15%，IA 和 IT 分别为 0.48 和 0.28。同时，研究还表明，大鳍异鮡肌肉中还含有丰富的矿质元素。潘艳云（2009）对石爬鮡肌肉营养成分分析发

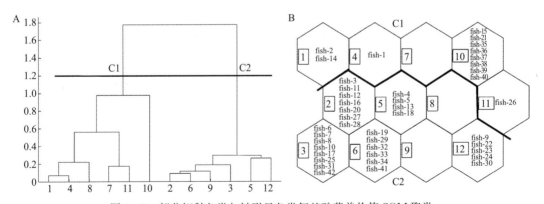

图 1－5　部分鲤科鱼类与鲇形目鱼类氨基酸营养价值 SOM 聚类

注：A 图根据 ward 联系方法，采用欧氏距离进行聚类分析，分为两类；B 图根据 16 种氨基酸以及 5 种氨基酸评价指标对部分鲤科鱼类与鲇形目鱼类氨基酸营养价值进行 SOM 聚类；Fish1~Fish42 参见表 1－5。

现，其氨基酸总量、必需氨基酸量以及必需氨基酸指数都较高，氨基酸总量、必需氨基酸量分别为鲜样的 18.09% 和 8.54%，必需氨基酸指数为 84.56，均高于鳜（*Siniperca chuatsi*）（严安生等，1995）、黄颡鱼（黄峰等，1999）、金鳟（*Oncorhynchus mykiss*）（刘哲等，2004），低于梭鲈（*Sander lucioperca*）（曹桂新等，2000）（表 1 - 5）。

表 1 - 3 基于 SOM 聚类出两个类别鱼类氨基酸营养价值数据

指　标	C1	C2	指　标	C1	C2
HIS	0.7±0.43[b]	2.25±0.4[a]	LEU	2.82±2.18[b]	6.84±0.61[a]
ARG	2.03±1.59[b]	4.86±0.59[a]	LYS	2.65±1.77[b]	8.03±1.25[a]
PRO	1.04±0.71[b]	2.86±1.14[a]	MET	0.96±0.79[b]	2.28±0.46[a]
ASP	3.38±2.75[b]	8.13±1.01[a]	PHE	1.59±1.37[b]	3.78±0.65[a]
SER	1.2±0.82[b]	3.18±0.86[a]	E	12.92±10.08[b]	32.48±3.14[a]
GLU	4.82±3.89[b]	11.74±2.56[a]	TA	30.92±23[b]	77.1±7.33[a]
GLY	1.71±1.34[b]	3.74±0.8[a]	E/TA	40.84±5	42.17±2.08
ALA	2.07±1.71[b]	4.96±0.56[a]	E/NE	70.47±18.63	73.13±6.41
TYR	1.06±0.75[b]	2.9±0.74[a]	DAA	10.94±8.45[b]	26.47±3.6[a]
THR	1.65±1.54[b]	3.6±0.62[a]	EAAI	29.32±26.55[b]	80.64±9.54[a]
VAL	1.65±1.37[b]	4.18±0.44[a]	F	2.27±0.18	2.27±0.39
ILE	1.61±1.65[b]	3.77±0.4[a]			

表 1 - 4 氨基酸营养价值特征分析

SOM 聚类	涉及的鱼类	氨基酸营养价值特征	n°
C1	fish - 1，fish - 2，fish - 14，fish - 15，fish - 21，fish - 26，fish - 35，fish - 36，fish - 37，fish - 38，fish - 39，fish - 40	16 种氨基酸含量较低，总必需氨基酸较低，总氨基酸较低，呈味氨基酸较低，必需氨基酸指数较低	12
C2	fish - 3，fish - 4，fish - 5，fish - 6，fish - 7，fish - 8，fish - 9，fish - 10，fish - 11，fish - 12，fish - 13，fish - 16，fish - 17，fish - 18，fish - 19，fish - 20，fish - 22，fish - 23，fish - 24，fish - 25，fish - 27，fish - 28，fish - 29，fish - 30，fish - 31，fish - 32，fish - 33，fish - 34，fish - 41，fish - 42	16 种氨基酸含量较高，总必需氨基酸较高，总氨基酸较高，呈味氨基酸较高，必需氨基酸指数较高	30

注：C1、C2 参见图 1 - 5；Fish1～Fish42 参见表 1 - 5；$n°$ 表示统计样本数；C1 和 C2 列的不同字母表示相应指标存在显著差异（$P < 0.05$）；F 为支链氨基酸与芳香族氨基酸质量的比值（Fischer et al.，1976）；EAAI 为必需氨基酸指数。

表 1-5 部分鲇形目鱼类和鲤科鱼类氨基

鱼 类	代码	HIS	ARG	PRO	ASP	SER	GLU	GLY
●鲇形目 Siluriformes								
●●鲿科 Bagridae								
●●●黄颡鱼属 Pelteobagrus								
瓦氏黄颡鱼 Pseudobagrus vachelli	fish-1	0.74	4.94	1.99	8.51	2.21	11.34	3.64
黄颡鱼 Pelteobagrus fulvidraco	fish-2	1.06	4.46	1.58	8.06	2.5	12.01	3.84
黄优 1 号 Pseudobagrus vachelli ♀ × Pelteobagrus fulvidraco ♂	fish-3	1.25	4.94	2.04	8.64	2.24	12.32	4.34
黄颡鱼（野生）Pelteobagrus fulvidraco	fish-4	2.08	3.92	3.13	5.38	3.65	8.01	1.92
黄颡鱼（养殖）Pelteobagrus fulvidraco	fish-5	2.17	4.16	3.4	5.65	3.92	8.65	2.02
●●鲇科 Siluridae								
●●●鲇属 Silurus								
鲇（黄河白银段）Silurus asotus	fish-6	2.85	5.59	3.95	8.91	3.89	12.92	3.65
鲇（黄河郑州段）Silurus asotus	fish-7	2.48	6.09	4	9.08	4.07	12.89	4.12
鲇（大洋河东港段）Silurus asotus	fish-8	2.68	5.51	4	8.64	3.79	12.5	3.62
鲇（松花江哈尔滨段）Silurus asotus	fish-9	2.74	6.04	3.97	9.13	3.89	1.71	3.63
大口鲇 Silurus meriordinalis	fish-10	1.99	5.58	2.62	8.83	3.33	15.33	3.56
土鲇 Silurus asotus	fish-11	2.1	5.37	2.55	8.52	3.29	15.01	3.38
革胡子鲇 Clarias leather	fish-12	2.09	5.28	2.47	8.46	2.86	14.56	3.32
兰州鲇 Silurus lanzhouensis	fish-13	1.94	5.03	2.76	6.8	3.11	10.43	3
●●鮠科 Bagridae								
●●●鮠属 Leiocassis								
长吻鮠 Leiocassis longirostris	fish-14	1.35	4.16	2.33	6.86	2.86	10.2	3.05
粗唇鮠 Leiocassis crassilabris	fish-15	0.39	1	0.57	1.43	0.67	2.39	0.77
长臀鮠（九江）Cranoglanis bouderius	fish-16	1.65	4.32	2.56	8.16	3.88	11.7	3.29
●●鮡科 Sisoridae								
●●●石爬鮡属 Euchiloglanis								
	fish-17	2	5.43	3.1	10.03	3.63	14.95	4.2
●●●原鮡属 Glyptosternum								
黑斑原鮡 Glyptosternum maculatum	fish-18	1.49	4.29	2.6	6.88	2.94	9.88	3.89
●鲤形目 Cypriniformes								
●●鲤科 Cyprinidae								
●●裂腹鱼亚科 Schizothoracinae								
●●●裂腹鱼属 Schizothorax								
灰裂腹鱼 Schizothorax griseus	fish-19	3.05	4.52	2.73	8.29	3.33	12.05	3.58
小裂腹鱼 Schizothorax parvus	fish-20	2.01	4.4	2.57	8.12	3.3	11.8	3.55

酸营养价值（每百克中，g，干物质）

ALA	TYR	THR	VAL	ILE	LEU	LYS	MET	PHE	E	TA	E/TA	E/NE	DAA	文献来源
4.81	1.76	2.47	3.52	3.19	6.48	4.93	1.91	3.93	26.43	66.37	39.82	66.17	25.48	邵韦涵
5.42	2.16	2.54	3.98	2.49	5.95	4.99	1.77	3.22	24.94	66.03	37.77	60.7	25.49	邵韦涵
5.75	4.34	3.02	4.32	2.89	6.38	4.96	2.49	3.43	27.49	73.35	37.48	59.94	27.34	邵韦涵
5.28	2.28	2.95	4.28	3.89	6.83	4.98	1.11	2.51	26.55	62.2	42.68	74.47	18.44	梁琍
5.69	2.43	3.19	4.67	4.18	7.37	5.24	1.57	2.66	28.88	66.97	43.12	75.82	19.72	梁琍
5.36	4.03	4.25	3.95	3.63	7.13	9.64	3.07	4.91	36.58	87.73	41.7	71.52	29.43	孙海坤
5.82	3.89	4.44	3.95	3.71	7.25	9.3	3.03	4.48	36.16	88.6	40.81	68.95	30.09	孙海坤
5.27	4.24	4.11	3.77	3.54	6.84	9.37	2.91	5.11	35.65	85.9	41.5	70.95	28.76	孙海坤
5.38	4.36	4.18	4.09	3.67	7.12	10.06	3.27	5.35	37.74	78.59	48.02	92.39	18.44	孙海坤
4.9	2.76	4.12	4.01	3.78	7.46	8.38	2.37	3.5	33.62	82.52	40.74	68.75	30.34	黄二春
4.66	2.71	3.94	3.82	3.64	7.24	7.97	2.32	3.33	32.26	79.85	40.4	67.79	29.46	黄二春
4.62	2.62	3.18	3.77	3.57	7.11	7.93	2.28	3.34	31.18	77.46	40.25	67.37	28.81	黄二春
4.4	2.93	3.62	3.77	3	5.35	7.85	2.35	3.52	29.45	69.85	42.17	72.92	22.98	杨元昊
3.78	2.21	3.11	2.86	2.6	5.54	6.16	2	2.74	25.01	61.81	40.46	67.96	22.44	张升利
0.84	0.53	0.74	0.64	0.67	1.23	1.18	0.41	0.66	5.53	14.12	39.16	64.38	5.16	刘新轶
5.12	2.72	3.55	3.51	3.18	6.43	7.11	2.42	3.17	29.1	72.5	40.14	67.05	25.71	谢少林
6	3.14	4.43	4.52	4.83	8.77	8.54	2.69	4.18	37.96	90.44	41.97	72.33	32.28	潘艳云
4.25	2.29	3.24	3.02	3.2	5.6	6.8	1.78	3.18	26.82	65.33	41.05	69.64	23.25	周建设
4.79	2.54	3.45	3.91	3.57	6.67	7.76	2.43	3.48	31.27	76.15	41.06	69.67	26.65	王思宇
4.72	2.57	3.39	3.8	3.59	6.59	7.64	2.38	3.34	30.73	73.77	41.66	71.4	26.04	印江平

鱼 类	代码	HIS	ARG	PRO	ASP	SER	GLU	GLY
短须裂腹鱼 *Schizothorax wangchiachii*	fish－21	0.35	0.69	0.44	1.2	0.57	1.71	0.71
云南裂腹鱼 *Schizothorax yunnanensis*	fish－22	1.99	4.2	0.54	8.05	1.07	10.86	3.25
澜沧裂腹鱼 *Schizothorax lantsangensis*	fish－23	2.1	4.55	0.54	8.57	0.97	11.76	3.16
光唇裂腹鱼 *Schizothorax lissolabiatus*	fish－24	2.2	4.11	0.57	8.58	0.91	11.14	3.17
四川裂腹鱼（喀斯特地区）*Schizothorax kozlovi*	fish－25	2.77	5.39	2.63	9.18	3.69	14.24	3.84
塔里木裂腹鱼 *Schizothorax biddulphi*	fish－26	1.68	2.64	1.86	3.42	0.96	3.75	3.48
四川裂腹鱼（乌江）*Schizothorax kozlovi*	fish－27	2.03	4.95	2.44	8.42	3.36	12.93	3.99
昆明裂腹鱼 *Schizothorax grahami*	fish－28	2.12	5	2.47	8.51	3.46	13.03	4.1
云南裂腹鱼 *Schizothorax yunnanensis*	fish－29	2.58	4.34	3.26	7.86	3.51	11.1	4.02
重口裂腹鱼 *Schizothorax davidi*	fish－30	2.46	4.62	2.24	7.08	2.1	10.79	6.41
齐口裂腹鱼 *Schizothorax prenanti*	fish－31	2.49	4.87	3.23	7.56	3.54	12.19	4.55
齐口裂腹鱼（天然鱼种）*Schizothorax prenanti*	fish－32	2.44	5.07	2.6	7.61	3.6	12.17	3.95
齐口裂腹鱼（天然成鱼）*Schizothorax prenanti*	fish－33	2.43	4.61	4.34	7.08	3.39	10.75	4.05
齐口裂腹鱼（人工成鱼）*Schizothorax prenanti*	fish－34	2.73	4.02	2.19	8.65	3.63	11.45	3.99
●●●叶须鱼属 *Ptychobarbus*								
双须叶须鱼 *Ptychobarbus dipogon*	fish－35	0.47	1.15	0.47	2.06	0.88	3.07	0.88
●●●尖裸鲤属 *Oxygymnocypris*								
尖裸鲤 *Oxygymnocypris stewartii*	fish－36	0.48	1.05	0.46	1.84	0.78	2.71	0.77
●●●裸裂尻属 *Schizopygopsis*								
拉萨裸裂尻 *Schizopygopsis younghusbandi*	fish－37	0.56	1.1	0.45	1.98	0.84	2.95	0.83
●●●青鱼属 *Mylopharyngodon*								
青鱼 *Mylopharyngodon piceus*	fish－38	0.46	0.99	0.53	1.61	0.67	2.27	0.79
●●●草鱼属 *Ctenopharyngodon*								
草鱼 *Ctenopharyngodon idellus*	fish－39	0.41	1.13	0.63	1.82	0.71	2.96	0.89
●●●鲢属 *Hypophthalmichthys*								
鲢 *Hypophthalmichthys molitrix*	fish－40	0.5	1	1.11	1.79	0.72	2.42	0.86
●●●鳙属 *Aristichthys*								
黑花鳙 *Aristichthys*	fish－41	2.16	4.52	4.72	8.38	3.39	12.26	3.8
白花鳙 *Aristichthys*	fish－42	2.35	5.17	5.67	8.79	3.6	12.91	4.77

注：E：总必需氨基酸；TA：总氨基酸；NE：总非必需氨基酸；E/TA：总必需氨基酸/总氨基酸（%）；E/NE：
2016）。因部分参考文献缺少色氨酸和胱氨酸，必需氨基酸暂未统计色氨酸，非必需氨基酸暂未统计胱氨酸，阴影部

（续）

ALA	TYR	THR	VAL	ILE	LEU	LYS	MET	PHE	E	TA	E/TA	E/NE	DAA	文献来源
0.71	0.34	0.54	0.54	0.44	0.84	0.94	0.31	0.39	4	10.72	37.31	59.52	4.06	王崇
4.11	2.22	2.22	4.12	3.77	6.41	7.74	2.21	4.55	31.02	67.31	46.09	85.48	22.7	邓君明
3.85	2.08	2.21	4.18	3.8	6.69	8.11	2.09	3.61	30.69	68.27	44.95	81.67	24.03	邓君明
3.89	1.78	2.14	4.11	3.67	6.5	7.96	2.05	3.83	30.26	66.61	45.43	83.25	23.46	邓君明
4.65	3.04	3.89	4.43	4.1	7.43	8.84	1.78	3.89	34.36	83.79	41.01	69.51	29.89	周贤君
2.96	2.07	5.64	3.51	5.86	4.86	3.43	2.39	3.71	29.4	52.22	56.3	128.83	12.51	魏杰
4.69	2.69	3.52	4.05	3.72	6.7	7.6	1.94	3.56	31.09	76.59	40.59	68.33	27.78	陈永祥
4.77	2.77	3.58	4.14	3.77	6.81	7.62	2.09	3.62	31.63	77.86	40.62	68.42	28.11	陈永祥
4.97	3.12	3.92	4.33	3.85	8.66	2.39		3.58	33.41	78.17	42.74	74.64	26.24	李国治
5.84	3.05	3.65	4.67	4.08	6.55	8.34	2.25	3.64	33.18	77.77	42.66	74.41	26.52	周兴华
5.14	3.42	3.97	4.88	4.21	7.07	9.06	2.53	3.99	35.71	82.7	43.18	75.99	27.53	周兴华
5.22	3.4	4.07	4.9	4.27	7.58	9.33	4.08		36.8	82.84	44.43	79.94	26.32	温安祥
4.84	3.09	3.68	4.62	4.06	6.39	8.29	2.24	3.63	32.91	77.49	42.47	73.84	26.22	温安祥
5.11	3.15	4.16	4.04	3.64	6.97	9.04	2.55	3.53	33.92	78.83	43.03	75.52	26.28	温安祥
1.14	0.68	0.88	0.81	0.69	1.66	1.83	0.41	0.8	7.08	17.88	39.58	65.5	6.49	本论文团队
1.01	0.65	0.79	0.78	0.64	1.49	1.65	0.45	0.74	6.53	16.26	40.15	67.09	5.77	本论文团队
1.08	0.66	0.85	0.8	0.68	1.6	1.77	0.46	0.77	6.93	17.38	39.87	66.32	6.21	本论文团队
0.95	0.37	0.73	0.72	0.65	1.29	1.55	0.4	0.65	5.99	14.63	40.94	69.33	5.2	蔡宝玉
1.11	0.61	0.79	0.89	0.8	1.45	1.76	0.54	0.74	6.97	17.24	40.43	67.87	6.3	毛东东
1.04	0.67	0.76	0.73	0.62	1.39	1.57	0.48	0.71	6.26	16.37	38.24	61.92	6.18	于琴芳
4.69	1.78	3.77	4.93	4.09	6.52	8.19	1.71	4.16	33.37	79.07	42.2	73.02	29.16	杨品红
5.11	1.62	4.01	4.79	4.24	6.83	8.53	1.81	4.31	34.52	84.51	40.85	69.05	32.14	杨品红

总必需氨基酸/总非必需氨基酸（%）；DAA：呈味氨基酸，包括天冬氨酸、谷氨酸、甘氨酸、丙氨酸（孙海坤等，分表示必需氨基酸。

裂腹鱼类之间氨基酸组分差异较大。主要体现在分布在海拔 3 000 m 以上的三种裂腹鱼类（曹文宣，1981）（C1 类），如尖裸鲤属鱼类、叶须鱼属鱼类以及裸裂尻属鱼类（曹文宣，1981）与其他分布在 1 250～2 500 m 的裂腹鱼属（C2）的鱼类氨基酸组分差异较大。分布在 3 000 m 以上的裂腹鱼类较之分布在 2 500 m 的裂腹鱼类，因其生存水域水温较低，饵料生物偏少（马宝珊，2011），为了更大程度适应恶劣的生存环境，导致其机体 16 种氨基酸含量、总必需氨基酸、总氨基酸、呈味氨基酸、必需氨基酸指数均较低，均达到了显著差异水平（$P<0.05$）。

四大家鱼与裂腹鱼类、鲇形目鱼类氨基酸组分差异较大。四大家鱼（鳙除外）与大部分（90%）裂腹鱼类（除分布在海拔 3 000 m 以上的裂腹鱼类）以及大部分（78%）鲇形目鱼类相比，16 种氨基酸含量、总必需氨基酸、总氨基酸、呈味氨基酸、必需氨基酸指数均较低，均达到了显著差异水平（$P<0.05$）。其中，同是分布在海拔 3 000 m 以上的同域物种，黑斑原鮡与尖裸鲤属鱼类、叶须鱼属鱼类以及裸裂尻属鱼类，氨基酸组分有着本质差别。相比而言，黑斑原鮡 16 种氨基酸含量、总必需氨基酸、总氨基酸、呈味氨基酸、必需氨基酸指数均较高，均达到了显著差异水平（$P<0.05$），可能与黑斑原鮡为肉食性，且为食物链顶端生物有关（李红敬，2008）。

第六节　鮡科鱼类的养护

一、鮡科鱼类面对的主要生存压力

（一）自身生物学因素

鮡科鱼类因其绝对怀卵量少，大多仅数百粒，与鳕（*Gadus morhua*）、鲟（*Acipenser sinensis*）动辄上百万粒的怀卵量相比着实太少（Wroblewski et al.，1999；Liu et al.，2007）。目前，大部分鮡科鱼类的人工繁殖问题尚未解决，其天然资源的恢复只有依靠自然繁殖，其怀卵量低的特性制约了种群的自然恢复，繁殖群体和补充群体一旦遭到破坏，短期内难以恢复。当鮡科鱼类补充群体和繁殖群体数量出现严重不足时，将影响到其种群的安全和发展。

（二）栖息地水质污染

污染源主要来自三方面：第一是农业上使用的农药、化肥的残留随地表径流汇入江河；第二是工业废水（造纸及纸制品业、制糖业、有色金属采选业及冶金加工业等）；第三是生活污水（周伟等，1986）。污水排入江河会使得水质恶化，水绵、水藻和底栖动物等鮡科鱼类的天然饵料减少或不复存在，从而对鮡科鱼类及其他鱼类的生存构成严重威胁。采用 Illumina 高通量测序技术，对黑斑原鮡健康个体和病变死亡个体的表皮皮肤黏液及肠道内容物的微生物多样性组成进行了研究，黑斑原鳅病变死亡是由细菌、真菌和病原动物共同作用的结果（周建设等，2018）。细菌、真菌和病原动物都是由于水体环境恶化而滋生的，因此我们要切实注意保护鳅科鱼类的栖息地水环境。

（三）水利工程建设

伊洛瓦底江、怒江、澜沧江和元江等水系干流及其支流上建设了或正在建设许多水利枢纽和大型水电站。由于水位抬升，形成高山峡谷型湖泊，造成一系列水文特征的变化，对江河产生了深刻的难以逆转的影响。由于水文特征的变化，引起水生植物及浮游生物区系组成和生物量发生巨大变化，直接或间接影响鱼类的种类组成及种群、个体的生存和繁衍。大坝还隔断了上、下游种群之间的基因交流；同时还障碍了某些鱼类的洄游，或破坏了栖息、索饵和生殖（产卵场）的条件（陈龙等，2011）。水利设施的建设使江河流水变成了静水，鳅科鱼类这些在激流中底栖、喜流水性生活的中下层种类受到的干扰影响最大，最终这些种类在干流很可能消失或者种群仅萎缩生存于一、二级支流。

（四）过度捕捞

随着科技的发展，大功率电鱼设备被广泛用于渔猎，尽管各地严格禁止，但却屡禁不止，同时对鱼类资源的捕捞强度也呈加剧之势，捕捞范围也较过去增大不少（邓飞，2010）。除大功率电鱼外，炸鱼、毒鱼的事件也时有发生（张栋梁，2017）。过度捕捞和这些违禁捕鱼方法会严重破坏鱼类资源。鳅科鱼类多为底栖性鱼类，过去一般只有撒网才能捕到，但现在的电捕鱼器，不用考虑网具类型（如地笼、刺网、流刺网和抛网等）及网目大小，可以把各种规格、生活在水体不同层次的鱼一网打尽，而且鱼卵遭电击之后无法孵化，加重了危害程度。

二、鳅科鱼类的资源保护建议

鳅科鱼类主要生活在急流水域，因此形态特征和生态习性发生了一系列适应性变化。由于游泳能力弱，它们与河流水环境的关系更为紧密，对水文特征和水质变化极为敏感，是做水环境质量监测的极好指示生物（周伟等，2006）。Musick 指出 k 值小于 0.1 即为长寿命鱼类，长寿命的鱼类具有快速死亡、消亡的缺陷，且资源快速锐减后的恢复需要数十年的时间（Musick，1999）。中国鳅科鱼类很多 k 值较低，如大鳍异鳅 k 值仅为 0.049 1，生长较其他鲇形目鱼类和高原冷水鱼类都缓慢，属于长寿命鱼类。近年来大鳍异鳅个体出现小型化现象，应合理捕捞、加强保护（黄静等，2018）。这种现象也是大多数鳅科鱼类面临的现状，中国鳅科鱼类资源量不断降低（马秀慧等，2015），需要引起我们的重视并对其进行保护。

第一，政府相关部门应根据鳅科鱼类的资源现状与分布及繁殖习性，权衡经济与环境利益，从流域角度，统筹规划流域开发与资源保护，实现水资源的可持续发展（蒋朝明等，2016）。同时，确定禁捕区和禁渔期，确保渔业资源能够可持续地合理利用。

第二，加速水产种质资源保护区的建设，根据鮡科鱼类食物资源和产卵场所，建立保护区，为它们提供能休养生息的永久性庇护所。

第三，加强保护区鱼类的生物学和繁殖生态学研究，为保护区内的鱼类资源的恢复、保护和开发利用奠定理论基础，积极开展鮡科鱼类的人工繁殖与养殖，通过养殖满足市场对土著鱼类的需求，减少对自然水体鱼类的捕捞，从而减少自然资源压力。同时，积极开展鮡科鱼类的增殖放流活动，增殖放流是一种广泛运用于水生生物资源养护、生态修复和渔业增效等领域的技术手段，鱼类增殖放流属于迁地保护的范畴。加大投放由人工繁殖而获得的苗种或经人工培育后的天然苗种，来增加土著鱼种的数量，进一步保护和修复渔业生态环境，放流地点一般选择水流较缓、饵料资源丰富的流域，对鮡科鱼类的保护将起到举足轻重的作用。西藏农牧科学院水产科学研究所从 2017 年开始组织增殖放流活动，取得了良好成效。

第四，及时、切实地开展由于水利工程等的建设对生态水域和鱼类资源的影响评价和补救措施，将影响降到最小。

第五，切断、控制外来鱼类的生物入侵途径，采取措施控制入侵鱼类种群的发展，尽量减缓由于鱼类入侵带来的危害。

第六，设立渔业资源保护机构，加强渔业资源管理法规，强化管理措施，加大执法力度，严禁"炸、电、毒"鱼，"炸、电、毒"鱼是鱼类资源量大幅减少的主要原因之一，执法部门应加大执法力度，发现"炸、电、毒"鱼行为，要依法惩处。近年来，我国西藏自治区的一些乡镇（如墨脱背崩乡）把保护鱼类资源写入村规民约，对违规者从严从重处罚。人们不敢到这些地方"炸、电、毒"鱼，对当地的渔业资源保护取得了良好效果。

第七，在拦河坝处修建鱼类洄游通道，在鮡科鱼类集中分布的中国西南地区，由于水资源较为丰富，多数江河及其支流建有或大或小的水电站，水电站的拦河坝阻断了鱼类洄游通道。广西壮族自治区桂林市龙胜各族自治县镜明电站拦河坝，坝高 5 m，右侧虽有筏道与下游河床连接，但筏道是干筏道，河水全部流入左侧引水渠，拦河坝阻断了平等河鱼类洄游通道，上游鱼类数量减少。广东省肇庆市德庆县大滩电站拦河坝，筑坝时即考虑鱼类洄游繁殖，在右侧设有缓坡筏道，长年流水不止，坝下游能看到的鱼类，坝上游亦能看到（石世师等，2017）。

第八，积极宣传保护鱼类资源的意义，提高人民群众对鱼类资源的保护意识。只有从意识形态上深刻认识到保护鱼类资源对人民群众生活环境和生态安全的重要性，才能自发的保护鱼类资源（曹文宣，2011）。所以，我们应加大宣传力度，提高保护意识。鱼类资源保护是一项长期的社会性的系统工程，需要社会各界及相关部门的大力支持和共同努力。充分利用广播、电视、报刊等平台，结合张贴广告（标语）、发放宣传资料等形式，开展鱼类资源保护的重要性和必要性等宣传，通过形式多样、内容丰富、富有成效的宣传，提高广大干部群众保护鱼类资源和渔业生态环境的意识，为保护鱼类资源创造良好的社会氛围。同时，要普法讲法，在进行科普宣传的同时，为人民群众普及法律意识，开展《中华人民共和国渔业法》《中国水生生物资源养护行动纲要》《中华人民共和国水生野生动物保护实施条例》等法律法规和文件的宣传教育（高顺福，2015）。

第二章

黑斑原鮡部分
生物学特性

黑斑原鮡，隶属于硬骨鱼纲、鲇形目、鮡科、原鮡属，地方名藏鮡、藏鲇、拉萨鲇、拉鲢、石扁头、巴格里（藏语），是鰋鮡鱼类的一种。

第一节　黑斑原鮡地理分布

黑斑原鮡为冷水性高原鱼类，分布于印度的布拉马普特拉河和我国的西藏林芝、唐加、日喀则等地（成庆泰等，1987），即雅鲁藏布江谢通门江段下至支流尼洋河以及中游支流拉萨河的唐加至扎雪河段，分布海拔高度 2 800～4 200 m。

现已知西藏地区有鱼类 58 个种和 13 个亚种，分隶于 3 目、5 科和 4 亚科、22 个属（张春光和贺大为，1997），约占我国整个青藏高原鱼类 92 个种和 20 个亚种的 63%，主要有鲤形目鲤科的裂腹鱼亚科（Schizothoracinae）、鳅科的条鳅亚科（Noemacheilinae）和鮡科 3 大类群，占整个西藏鱼类的 93% 以上，其他 7 个种的类群只占 6.6%（武云飞和吴翠珍，1991；西藏自治区水产局，1995）。

鮡科是亚洲鲇形目鱼类数量最大和最为分化的科之一，主要分布于中国西南地区和印度东部。目前，鮡科鱼类有 16 属、112 种，且已知的和估计的新种有 70 余种（De Pinna，1996）。西藏有鮡科鱼类 7 属 11 种，以雅鲁藏布江下游最为集中，共有 8 个种，澜沧江 1 个种、怒江 2 个种，占我国鮡科鱼类 11 属的 64%，47 种的 23.4%，在西藏鱼类数量上，是仅次于裂腹鱼亚科、条鳅亚科的第 3 大类群（西藏自治区水产局，1995）。

鮡科，作为我国鲇形目鱼类中种类最多的科，分为两个自然类群，即鰋鮡鱼类和非鰋鮡鱼类（Hora and Silas，1952a；褚新洛，1979；He，1996）。其中，8 属 27 种都属于鰋鮡鱼类，包括原鮡属、凿齿鮡属、石爬鮡属、鮡属、尖齿鰋属、异齿鰋属、拟鰋属和鰋属（杨颖，2006）。

鰋鮡鱼类分类混杂，现认为原鮡属共有 3 个种：黑斑原鮡；网纹原鮡（*G. reticulatum*），分布于阿富汗、印度、巴基斯坦、乌兹别克斯坦（Talwar and Jhingran，1991；Walker and Yang，1999）；连鳍原鮡（*G. akhtari*），分布于阿富汗（He，1996）。我国仅黑斑原鮡 1 种，为雅鲁藏布江中游特有种，也是雅鲁藏布江 8 种鮡科鱼类中唯一分布在中游的种，生境海拔差距较大，在海拔 4 200 m 的谢通门江段仍有分布（西藏自治区水产局，1995）。

第二节　黑斑原鮡研究进展

黑斑原鮡作为鰋鮡鱼类的一种（褚新洛，1979），其早期研究多见于分类学（Regan，1905）、生物地理学（伍献文等，1981）和进化学方面（Hora and Silas，1952a；褚新洛，

1979），近年来多集中于鳅鮡鱼类系统发育和演化方面的研究。前人研究报道，鳅鮡鱼类的整个分布区，东至贵州、广西，北至西藏、四川，南至老挝、越南，西至印度、缅甸、尼泊尔直至阿富汗等地区；生境特点是高山峡谷，陡坡急流，枯洪流量相差悬殊；共同形态特征是没有胸吸着器，胸、腹鳍水平展开，第一鳍条完全分节或在外缘生出许多软骨细条，被外表皮所裹；在腹面的许多与分节或软骨细条大致对应的横纹褶皱，具有附着功能，这是与它们高山流水的生活环境相适应的（Hora and Silas，1952a；褚新洛，1979）。

Hora 和 Silas（1952a）描述了鳅鮡鱼类地理分布及其适应流水生活形成的性状，认为原鮡属是鳅鮡鱼类中最原始的类群。褚新洛（1979）描述了鳅鮡鱼类的生存范围、生态适应性，指出鳅鮡鱼类演化的主趋势是朝着激流中底栖、石居的方向发展；根据形态特征对鳅鮡鱼类进行属级分类，提出了 8 属 22 种（包括亚种）的分类方法；并以胸鳍分支鳍条、鳃孔大小、唇后沟是否连续及颌须、齿型、齿带型情况为依据，构建了鳅鮡鱼类演化谱系，同时以形态特征及地理分布为依据提出原鮡属是鳅鮡鱼类中最原始的一个属，其他鳅鮡鱼类都由它进化而来。

He（1996）基于 60 个骨骼性状，运用分支系统学原理分析鳅鮡鱼类系统发育，认为鳅鮡鱼类为单系群，而原鮡属是最原始的种，这与 Hora 和 Silas（1952）判定结果一致。He 等（2001）又以骨骼特征分析 7 属 19 种鳅鮡鱼类的系统发育，并借助生物地理学方法分析认为，喜马拉雅地区鳅鮡鱼类物种分化过程与青藏高原隆升有直接关系，并推断原鮡属（黑斑原鮡）为鳅鮡鱼类中最原始的种类。

近年来，随着分子生物学技术的发展和应用，鳅鮡鱼类的系统发育研究得到了空前的进展。何舜平等（1999）用 333 bp 细胞色素 b 基因片段研究中国鮡科鱼类系统发育，从而开始了中国鮡科鱼类的分子系统发育研究；研究中测定了 9 种鮡科鱼类的线粒体 DNA 细胞色素 b 基因序列，结果显示 101 个变异座位和 39 个信息座位，构建系统发育树后发现与形态数据分析结果差异很大，鳅鮡鱼类不能构成一个单系，因此建议进行进一步的研究来验证结果。郭宪光等（2004）用 PCR 技术获得了中国鮡科鱼类 10 属 9 种鳅鮡鱼类和 6 种非鳅鮡鱼类线粒体 DNA 16S rRNA 基因部分序列，指出原鮡属处于鳅鮡鱼类的基部，鮡科是一个单系群，由两支构成，而鳅鮡鱼类可能不是一个单系群。王伟等（2003）对中国 4 种鮡科鱼类 RAPD 分析结果显示，鳅鮡鱼类不能形成一个单系类群；并指出不同于以往形态学研究结果，认为原鮡属和石爬鮡属鱼类来自两个不同的特化类群的祖先，鳅鮡鱼类各属间的关系比鳅鮡鱼类与非鳅鮡鱼类之间的关系要近；另外，说明在鱼类系统发育的研究中，有必要进行形态学与分子系统学两方面结果的对照比较。Peng 等（2004）对 13 种鳅鮡鱼类的线粒体 DNA 细胞色素 b 进行了测序分析，研究结果表明鳅鮡鱼类是一个单系类群，原鮡属和鮡属是地位较为原始的两个种，与 He（1996）研究结论一致认为黑斑原鮡为最原始的类群，不同的是认为原鮡属与鮡属鱼类关系更近些。

由于鳅鮡鱼类在分类学史上存在较大的分歧，杨颖（2006）对鳅鮡鱼类进行了系统的整理，构建了鳅鮡鱼类分类检索表。同时，由于鮡科鱼类本身系统发育的复杂性，导致以往研究结果不一致,李旭(2006)对鲹鮡鱼类的系统发育进行了详尽的研究和报道,采用特征性状——肌肉和骨骼的形态学分析,建立鲹鮡鱼类的系统发育树,结果显示原鮡鱼类是鲹鮡鱼类最为原始的鱼类,但同时由于采用的分析方法的不同,导致结果有所偏差,有待更进一步的研究。

刘鸿艳(2006)分析了雅鲁藏布江谢通门江段、支流拉萨河和尼洋河黑斑原鮡群体的14种同工酶,根据遗传相似度和遗传距离检验海拔高度不同的黑斑原鮡群体之间是否发生了显著遗传分化,并进行了遗传变异分析;另外,以心脏、肝脏、脑、眼、肌肉、脾脏和肾脏等组织为材料,对采集于尼洋河黑斑原鮡样本进行同工酶组织特异性研究,并利用多态性高的组织进行了其群体遗传变异分析。

除上述研究之外,任修海和崔建勋(1992)报道黑斑原鮡(采集于曲水)染色体为 $2n=48=28m+12sm+8st$,$NF=88$,并依据"一般来讲,随着特化程度的上升,核型进化表现出双臂染色体增加和单臂染色体减少的趋势",推测其为鮡科鱼类中最为进化和特化的类型,得出了显著不同于前人的研究结果;与此结论相悖的是武云飞等(1999)研究报道,黑斑原鮡(采集于日喀则)染色体组型为 $2n=48=20m+12sm+10st+6t$,$NF=80$,同时存在 $2n=44$ 和 $2n=42$,并结合鮡科鱼类染色体核型推断其不是最特化种。

第三节 黑斑原鮡不同地区外部形态学观察

对黑斑原鮡的外部形态进行仔细的观察和详尽的描述,同时采用框架数据和传统可量数据相结合的方法,对分布在日喀则和尼洋河的黑斑原鮡两个群体(因样本欠缺,没有采集到拉萨地区的黑斑原鮡样本)的形态进行立体式比较,探究海拔高度的差异是否对黑斑原鮡的形态产生差异。

一、材料采集

2007年5—7月在雅鲁藏布江林芝江段和日喀则江段分别采集黑斑原鮡样本30尾和33尾,将其用8%的福尔马林溶液保存,测量外部形态数据。同时,结合黑斑原鮡的鲜活样本和固定样本对其基本外部形态进行观察。两地区的黑斑原鮡标本全长统计以及数目详见表2-1。

表2-1 黑斑原鮡的采集地、数目和体长

采集地	标本数	体长最大值 (mm)	体长最小值 (mm)	平均值 (mm)
林芝地区	30	190	148	170.0
日喀则地区	34	297	120	197.9

二、数据测量

共测量了 64 尾鱼 2 496 个数据。数据分为两类：一类是传统形态学数据，包括全长、体长、头长、体宽、体高、吻长、眼径、眼间距、眼后头长、鼻间距、鼻须长、颌须长、外颐须长、内颐须长、尾柄高、脂鳍长度等共 16 项数据；另一类是框架数据，共 23 项，框架测量定位点的选择参考 Brzeski（1998）和 Nancy（1989），同时结合黑斑原鮡实际形态特征，采用 15 个如彩图 3 所示的解剖学位点以建立形态度量的框架。所有可量性状都是点与点之间的直线距离，采用圆规和直尺对相应数据进行测量，精确度为 1 mm。具体测量指标如表 2 - 2 所描述。

表 2 - 2　黑斑原鮡形态度量一览表

传统数据测量	框架数据测量
D1 全长（吻端到尾鳍末端的水平距离）	D21 胸鳍基部起点到背鳍基部起点距离
D2 体长（吻端到尾鳍基部的水平距离）	D22 胸鳍基部起点到腹鳍基部起点距离
D3 头长（吻端到鳃盖后缘的水平距离）	D23 胸鳍基部起点到另一腹鳍基部起点距离
D4 体宽（背鳍纵切面左右轴距离）	D24 胸鳍基部起点到脂鳍基部起点距离
D5 体高（背鳍纵切面背腹轴距离）	D25 背鳍基部起点到腹鳍基部起点距离
D6 吻长（口裂自然状态下长度）	D26 背鳍基部起点到脂鳍基部起点距离
D7 眼径（眼眶前后缘之间的水平距离）	D27 腹鳍基部起点到脂鳍基部起点距离
D8 眼间距（左右眼睛外缘之间的距离）	D28 外颐须基部到内颐须基部距离
D9 眼后头长（眼后缘到鳃盖后缘的水平距离）	D29 内颐须基部之间距离
D10 鼻间距（左右鼻孔外缘之间的距离）	D30 外颐须基部到胸鳍基部起点距离
D11 鼻须长（鼻须基部到鼻须末端之间距离）	D31 内颐须基部到胸鳍基部起点距离
D12 颌须长（颌须基部到末端之间距离）	D32 胸鳍基部起点到泄殖孔距离
D13 外颐须长（外颐须基部到末端之间距离）	D33 胸鳍基部起点到脂鳍基部末端（尾鳍末端）距离
D14 内颐须（内颐须基部到末端之间距离）	D34 胸鳍基部起点之间距离
D15 尾柄高	D35 腹鳍基部起点之间距离
D16 脂鳍长度（脂鳍起点到终点之间水平距离）	D36 腹鳍基部起点到泄殖孔距离
D17 鼻须基部到胸鳍基部起点距离	D37 腹鳍基部起点到脂鳍基部末端（尾鳍基部）距离
D18 鼻须基部到背鳍基部起点距离	D38 泄殖孔到脂鳍基部末端（尾鳍基部）距离
D19 鼻须基部到腹鳍基部起点距离	D39 胸鳍基部之间距离
D20 鼻须基部到脂鳍基部起点距离	

三、数据处理

可量性状数据首先进行对数转换（$\log_{10}$），再依据其方差-协方差矩阵（Variance - covariance matrix）提取主成分。

四、黑斑原鮡外部形态观察

黑斑原鮡外部形态如彩图 3 所示，体表光滑无鳞，侧线不明显，背部和体侧黄绿色或灰绿色，腹部黄白色，体侧有明显的斑块分布。体延长，头部和前躯平扁，腹面平坦，后躯侧扁，头宽约与头长相等。眼小，直径约 1 mm，包有透明眼睑，位于鼻孔后方。口下位，宽大，弧形。具尖型上下颌齿，呈尖锥形，密生，形成齿带，上颌齿带一块，原鮡型，两侧向后伸延，呈弧状，下颌齿，2 块。鳃孔大，延伸至腹面后达胸鳍基部。鳃盖膜与峡部相连，唇后沟不连续。须四对，鼻须一对，紧挨鼻孔后端外侧，向外侧延伸，后伸达眼前缘；颌须一对，末端尖细，向后延伸几近胸鳍基部；外颐须向后延伸达到或接近胸鳍基部；内颐须略超外颐须基部，须端呈尖细状。偶鳍内侧垂直，紧贴身体，外侧水平展开，与胸腹部形成扁平的附着面。胸鳍圆，有一根光滑的不分支鳍条，鳍后缘略超过背鳍起点，但远离腹鳍起点。腹鳍和胸鳍有密密的横纹状皮褶，在其内侧有疏散的竖纹状皮褶。腹鳍末端超过泄殖孔，但不达臀鳍起点。背鳍短，具一根弱的硬刺和 6 根分支鳍条。脂鳍较背鳍低，位于背鳍后方，其基部正对下方泄殖孔，末端止于尾鳍基部，其长稍长于头长。臀鳍短，在泄殖孔之后，泄殖孔至腹鳍起点距离约为至臀鳍起点距离的两倍。尾鳍截形。鳍式为 D. iii～11，A. 0～7，P. i～12，V. i～9。

五、林芝样本和日喀则样本的形态差异分析

可量性状原始数据经统计分析处理后的结果见表 2-3，方差分解主成分提取分析表见表 2-4 和前两个主成分负荷值见表 2-5。

表 2-3　黑板原鮡的可量性状数据（mm）

测量指标	林芝地区				日喀则地区			
	最小值	最大值	平均值	标准误	最小值	最大值	平均值	标准误
D1	175	219	200.6	2.2	130	355	236.3	10.0
D2	148	190	170.0	1.9	120	297	197.9	8.2
D3	17	39	30.5	0.9	16	50	30.3	1.5
D4	40	52	44.2	0.6	34	85	53.8	2.4
D5	17	28	22.0	0.4	15	45	26.2	1.3
D6	22	34	25.3	0.5	16	55	29.1	1.5
D7	1	1	1.0	0.0	1	1	1.0	0.0
D8	13	75	17.4	2.0	11	30	19.2	0.9
D9	6	98	11.4	3.0	8	39	19.2	1.0
D10	14	25	16.8	0.4	12	29	19.9	0.9
D11	10	27	12.4	0.6	9	23	13.4	0.5
D12	18	29	23.3	0.5	12	48	29.6	1.6

（续）

测量指标	林芝地区				日喀则地区			
	最小值	最大值	平均值	标准误	最小值	最大值	平均值	标准误
D13	12	19	14.8	0.3	5	17	9.7	0.5
D14	10	14	11.6	0.2	8	25	14.5	0.7
D15	38	55	45.9	0.8	34	72	51.3	1.9
D16	25	46	34.1	0.8	22	60	40.5	2.1
D17	23	37	29.6	0.5	20	54	32.9	1.4
D18	49	66	57.6	0.7	43	114	68.9	3.1
D19	72	95	85.5	1.1	62	150	100.6	4.2
D20	16	125	107.8	3.5	84	213	137.7	6.0
D21	39	51	45.9	0.6	35	88	56.1	2.5
D22	54	71	61.7	0.9	44	103	74.6	3.1
D23	79	106	93.0	1.3	70	168	115.9	4.8
D24	33	45	38.6	0.6	28	63	45.6	1.8
D25	42	63	54.4	0.9	42	103	70.8	2.8
D26	30	44	38.6	0.7	28	79	49.3	2.1
D27	6	10	8.2	0.2	5	15	9.6	0.4
D28	11	20	15.1	0.4	10	30	17.8	0.8
D29	11	23	18.5	0.5	12	31	18.9	0.8
D30	16	30	23.8	0.5	18	42	27.3	1.2
D31	52	74	62.4	0.9	48	116	75.8	3.1
D32	60	76	68.3	0.8	52	124	84.3	3.5
D33	74	98	85.5	1.2	63	152	104.0	4.1
D34	120	152	133.9	1.6	101	233	160.4	6.2
D35	17	25	21.4	0.4	16	42	27.1	1.1
D36	20	30	25.2	0.4	18	40	29.6	1.1
D37	24	82	71.0	1.9	54	122	86.2	3.3
D38	35	55	48.0	0.8	38	84	59.0	2.2
D39	31	42	36.1	0.5	28	69	47.5	2.2

表 2-4 方差分解主成分提取分析

测量指标	特征值			方差提取之和		
	总计	变量（%）	累计（%）	总计	变量（%）	累计（%）
D1	29.570	77.817	77.817	29.570	77.817	77.817
D2	1.833	4.824	82.642	1.833	4.824	82.642
D3	0.748	1.967	84.609			
D4	0.723	1.903	86.512			

（续）

测量指标	特征值			方差提取之和		
	总计	变量（%）	累计（%）	总计	变量（%）	累计（%）
D5	0.650	1.710	88.222			
D6	0.610	1.604	89.826			
D8	0.531	1.396	91.223			
D9	0.478	1.257	92.480			
D10	0.413	1.087	93.567			
D11	0.302	0.793	94.361			
D12	0.287	0.755	95.116			
D13	0.266	0.700	95.816			
D14	0.201	0.529	96.345			
D15	0.176	0.464	96.808			
D16	0.158	0.415	97.223			
D17	0.137	0.361	97.584			
D18	0.111	0.293	97.876			
D19	0.103	0.270	98.146			
D20	0.095	0.250	98.396			
D21	0.083	0.218	98.613			
D22	0.077	0.202	98.815			
D23	0.074	0.195	99.010			
D24	0.059	0.156	99.167			
D25	0.058	0.153	99.319			
D26	0.052	0.137	99.457			
D27	0.037	0.099	99.555			
D28	0.033	0.086	99.642			
D29	0.031	0.081	99.723			
D30	0.028	0.073	99.796			
D31	0.019	0.050	99.846			
D32	0.016	0.041	99.888			
D33	0.011	0.028	99.916			
D34	0.009	0.024	99.939			
D35	0.008	0.022	99.961			
D36	0.006	0.016	99.977			
D37	0.004	0.011	99.989			
D38	0.003	0.008	99.996			
D39	0.001	0.004	100.000			

注：省略 D7。

表 2-5 林芝、日喀则地区黑斑原鮡种群前 2 个主成分分析因子载荷

测量指标	主成分	
	PC1	PC2
D1	0.934	0.078
D2	0.932	0.050
D3	0.716	0.361
D4	0.971	0.017
D5	0.944	0.107
D6	0.882	0.138
D8	0.687	0.081
D9	0.545	−0.629
D10	0.936	0.037
D11	0.693	0.095
D12	0.780	−0.048
D13	0.014	0.894
D14	0.916	−0.004
D15	0.888	0.094
D16	0.914	0.017
D17	0.916	0.216
D18	0.971	0.040
D19	0.983	0.038
D20	0.646	−0.164
D21	0.981	−0.003
D22	0.960	−0.051
D23	0.973	−0.111
D24	0.927	−0.051
D25	0.942	−0.211
D26	0.930	−0.153
D27	0.872	0.113
D28	0.920	0.115
D29	0.738	0.377
D30	0.916	0.120
D31	0.960	−0.035
D32	0.977	−0.056
D33	0.975	−0.034
D34	0.983	−0.043
D35	0.938	−0.166

（续）

测量指标	主成分	
	PC1	PC2
D36	0.926	−0.044
D37	0.789	−0.131
D38	0.917	−0.181
D39	0.958	−0.087

注：省略 D7。

以 PC1、PC2 为 X-Y 轴，对两地区的标本进行了二维图相关分析，如图 2-1 所示。

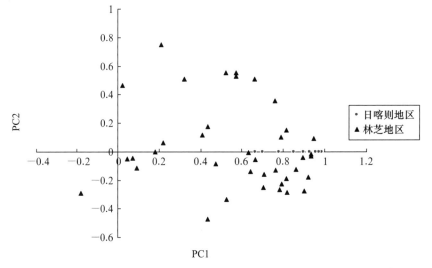

图 2-1　林芝、日喀则地区黑斑原鮡种群可量性状第一、二主成分散布

结果显示，前五个主成分的贡献率分别是 77.8%、4.8%、2.0%、1.9%、1.7%，累计达 88.2%（>85%），即解释了总变异的 88.2%。对主成分 1（PC1），主成分 2（PC2），进行分析能够反映综合指标所隐含信息的基本情况。其中 PC1 负荷值全为正（表 2-5），表示 PC1 与相对应变量之间作用相同，且大部分大于 0.9，除 D3、D6、D8、D9、D13、D20、D27、D29、D37（表 2-5）之外，可将 PC1 作为决定外部形态的主要因子，在 PC2 中绝对值较大的因子载荷有 D3、D6、D13、D17、D20、D23、D25、D26、D27、D28、D30、D37、D38（表 2-5），与 PC1 基本成互补状态，可将 PC2 作为决定外部形态的次要因子。PC1 和 PC2 可以作为决定黑斑原鮡外部形态主要的两个因子。

从图 2-1 可以看出，林芝地区、日喀则地区的黑斑原鮡个体外部形态特征完全重叠，日喀则地区黑斑原鮡集中在 PC1 轴上，而林芝地区在四个象限均有分布，分散点区域包围日喀则地区的分散点区域。

同时，从图 2-1 也可得知，林芝地区黑斑原鮡群体外部形态特征由 PC1 和 PC2 共同决定，而日喀则地区黑斑原鮡群体外部形态特征则仅由 PC1 决定。

第四节　黑斑原鮡繁殖群体两性异形研究

两性异形是指在同一种群内，雌雄间的形态特征产生分化，如在个体大小、局部形态构造、体色等方面呈现出差异的现象。为了解西藏黑斑原鮡雌雄间是否也存在两性异形，在其繁殖期对性成熟个体进行了形态学测量及相关分析。

一、样品采集

黑斑原鮡样本于 2015 年 5—6 月采集自西藏日喀则市谢通门县（海拔 3 900 m）、拉孜县（海拔 4 100 m）、昂仁县（海拔 4 300 m）、萨嘎县（海拔 4 500 m）四个地区。其中，雌性个体 171 尾，雄性个体 98 尾，性别未定个体 11 尾。

二、常规生物学测量

对样本进行常规生物学测量，用直尺测量样本的全长及体长，精确到 0.1 mm；用游标卡尺测量样本的头长、躯干长、尾长、体宽、体高、头高、吻长、眼径、眼后头长、眼间距、背鳍长、胸鳍长、腹鳍长、臀鳍长、尾鳍长，精确到 0.01 mm（表 2-6）。用电子秤测量黑斑原鮡样品的体重，精确到 0.01 g，并记录性别：生殖突呈尖状且末端略微凹陷的为雄性，生殖孔呈钝圆状，有的充血肿胀且腹部膨大，手摸可感受到卵粒的为雌性。黑斑原鮡未达到性成熟前，雌雄外部形态无显著特征，不易区分，故个体较小、目测无法准确判断性别的不纳入数量统计。

表 2-6　西藏黑斑原鮡形态参数测量方法

形态参数	测量方法
全长	从吻端到尾鳍末端的水平直线距离
体长	从吻端到尾椎终端的水平直线距离
头长	从吻端至鳃盖骨后缘的水平直线距离
躯干长	从鳃盖骨后缘至肛门后缘的水平直线距离
尾长	从肛门后缘至尾鳍基部最后一截尾椎骨后缘的水平直线距离
体宽	身体最宽处的水平直线距离
体高	从鱼体最高点至体侧腹面的垂直直线距离
头高	从头的最高点至头的腹面的垂直直线距离
吻长	从吻端至眼眶前缘的水平直线距离
眼径	从眼眶前缘至眼眶后缘的水平直线距离
眼后头长	从眼眶后缘至鳃盖骨后缘的水平直线距离
眼间距	两眼眼眶间的水平直线距离

37

（续）

形态参数	测量方法
背鳍长	从背鳍基部起点至背鳍末端的直线距离
胸鳍长	从胸鳍基部起点至胸鳍末端的直线距离
腹鳍长	从腹鳍基部起点至腹鳍末端的直线距离
臀鳍长	从臀鳍基部起点至臀鳍末端的直线距离
尾鳍长	从尾鳍基部最后一截尾椎骨后缘至尾鳍末端的直线距离

三、黑斑原鮡繁殖群体形态参数的差异比较

独立样本 T 检验结果显示，黑斑原鮡雌性体长、尾长/体长、体重/体长显著小于雄性（$P<0.05$），而眼径/头长、体高/体长、躯干长/体长、背鳍长/体长、胸鳍长/体长、腹鳍长/体长、臀鳍长/体长、尾鳍长/体长雌性则显著大于雄性（$P<0.05$），其余形态参数差异不显著（表 2-7）。

表 2-7 西藏黑斑原鮡繁殖群体形态参数差异比较

形态参数	雌性数量	雄性数量	雌性	雄性	独立样本 T 检验结果
BL/mm	72	97	177.96±22.93[b] (135.0~236.0)	221.67±55.67[a] (127.0~344.0)	F<M
HD/HL	39	36	0.492 5±0.043 9	0.479 3±0.040 3	
SL/HL	39	36	0.438 5±0.023 6	0.446 5±0.029 4	
PHL/HL	39	36	0.514 8±0.026 1	0.514 1±0.030	
ED/HL	39	36	0.058 5±0.006 4[a]	0.049 4±0.006 8[b]	F>M
IW/HL	39	36	0.284 9±0.015 8	0.293 0±0.024 6	
HL/BL	39	36	0.261 8±0.011 8	0.253 9±0.023 3	
TL1/BL	39	36	0.473 4±0.018 3[a]	0.437 4±0.035 5[b]	F>M
TL2/BL	39	36	0.264 8±0.017 2[b]	0.308 7±0.055 1[a]	F<M
BD/BL	39	36	0.150 7±0.020 7[a]	0.130±0.016 0[b]	F>M
BW/BL	72	97	0.227 3±0.016 2	0.224 9±0.022 2	
DL/BL	39	36	0.176 9±0.010 7[a]	0.161 0±0.017 1[b]	F>M
PL/BL	39	36	0.217 9±0.011 9[a]	0.197 2±0.024 7[b]	F>M
PFL/BL	39	36	0.153 2±0.009 1[a]	0.136 4±0.014 1[b]	F>M
AL/BL	39	36	0.157 0±0.006 9[a]	0.145 5±0.017 6[b]	F>M
CL/BL	69	92	0.132 3±0.030 4[a]	0.122 4±0.027 5[b]	F>M
W/BL	72	96	0.475 3±0.129 9[b]	0.679 3±0.313 5[a]	F<M

注：平均数后英文上标不同表示组间差异显著（$P<0.05$）。F：雌性；M：雄性。BL：体长；HL：头长；HD：头高；SL：吻长；PHL：眼后头长；ED：眼径；IW：眼间距；TL1：躯干长；TL2：尾长；BD：体高；BW：体宽；DL：背鳍长；PL：胸鳍长；PFL：腹鳍长；AL：臀鳍长；CL：尾鳍长；W：体重。后文表格与此相同。

四、黑斑原鮡繁殖群体形态参数的主成分分析

对 75 条黑斑原鮡的 16 个形态参数进行主成分分析，各主成分的载荷系数如表 2-8 所示：前 5 个主成分累积贡献率为 76.7%。其中，第一主成分累积贡献率为 41.7%，载荷量较大的是体长、头长/体长、躯干长/体长、尾长/体长、体高/体长、背鳍长/体长、胸鳍长/体长、腹鳍长/体长、臀鳍长/体长、尾鳍长/体长这 10 个形态参数，主要反映西藏黑斑原鮡的体型特征；第二、三、四主成分总贡献率为 28.7%，载荷量较大的是头高/头长、吻长/头长、眼间距/头长、眼径/头长、眼后头长/头长这 5 个形态参数，主要反映西藏黑斑原鮡的头部特征；第五主成分总贡献率为 6.3%，载荷量较大的是体宽/体长这个形态参数，主要反映的是与黑斑原鮡捕食方式相关的体型特征。

表 2-8 黑斑原鮡繁殖群体形态参数的因子载荷系数

形态参数	载荷系数				
	PC1	PC2	PC3	PC4	PC5
HD/HL	0.145	0.667	0.397	−0.391	0.011
SL/HL	−0.91	0.664	−0.330	0.269	0.023
PHL/HL	0.124	0.519	−0.078	0.565	0.248
ED/HL	0.573	0.343	−0.543	−0.326	−0.105
IW/HL	−0.352	0.550	0.323	−0.096	−0.078
TL	−0.787	−0.105	0.391	0.314	0.053
HL/BL	0.707	−0.443	0.355	0.115	−0.094
TL1/BL	0.834	0.105	0.029	0.285	−0.006
TL2/BL	−0.894	0.104	−0.166	−0.254	0.042
BD/BL	0.683	0.180	0.385	−0.332	−0.128
BW/BL	0.178	−0.139	0.018	−0.262	0.916
DL/BL	0.839	−0.053	−0.001	−0.017	−0.024
PL/BL	0.854	0.001	−0.035	0.069	−0.142
PFL/BL	0.910	−0.004	−0.046	−0.082	0.076
AL/BL	0.807	−0.049	−0.230	0.132	0.124
CL/BL	0.664	0.265	0.396	0.158	0.125
贡献率（%）	41.734	12.075	9.382	7.198	6.283
累积贡献率（%）	41.734	53.809	63.191	70.389	76.671

五、黑斑原鮡繁殖群体的生长情况

(一) 黑斑原鮡繁殖群体的全长分布

共采集雌性全长样本 69 份，全长介于 147.0～259.0 mm，平均全长（200.85±

26.56）mm；采集雄性全长样本 92 份，全长介于 141.0～377.0 mm，平均全长（245.34±61.95）mm。

雌性黑斑原鮡全长主要分布在 150～250 mm 范围内，雄性黑斑原鮡全长主要分布在150～300 mm 范围内。

（二）黑斑原鮡繁殖群体的体重分布

共采集雌性体重样本 171 份，体重分布范围在 30.30～303.50 g，平均体重（99.20±46.88）g；采集雄性体重样本 98 份，体重分布介于 28.60～502.60 g，平均体重（165.97±110.90）g。

雌性黑斑原鮡体重主要分布在 5～150 g 范围内，雄性黑斑原鮡体重主要分布在 50～200 g 范围内。

（三）全长与体重的关系

将黑斑原鮡雌性与雄性样本的全长与体重数据作散点图（图 2 - 2、图 2 - 3）分析，幂函数拟合得到黑斑原鮡（$n_♀=69$，$n_♂=92$）体重 W 与全长 L 之间的关系式为：$W（♀）=2\times10^{-5}L^{2.8647}$（$r^2=0.9030$），$W（♂）=5\times10^{-5}L^{2.7073}$（$r^2=0.9424$）。协方差检验结果显示，全长与体重关系在黑斑原鮡两性间存在显著差异（Sig.＝0.117＞0.05）。用 Pauly 的 t 分布检验法计算雌性群体 $t=1.18$，雄性群体 $t=4.20$，与 $t_{0.05}=1.96$比较，黑斑原鮡繁殖期雌性样本的体长与体重呈匀速生长，而雄性样本呈异速生长。

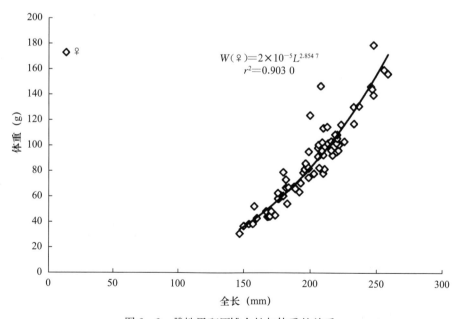

图 2 - 2　雌性黑斑原鮡全长与体重的关系

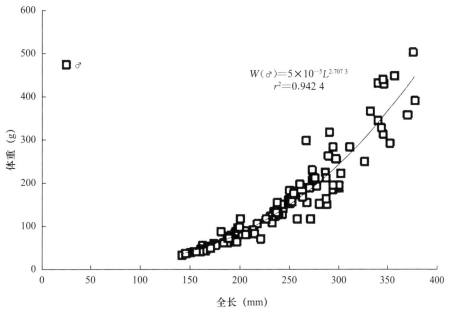

图 2-3 雄性黑斑原鮡全长与体重的关系

第五节 黑斑原鮡骨骼形态学的研究

一、脑颅

为保护大脑和头部感觉器官的系列骨骼，黑斑原鮡脑颅背腹视前端均向前延伸并且两端收缩，后端向外延展，侧视前端稍有弧度，向下弯曲，后端扩大呈狭长的三角形，后视尤为明显扩大。可将脑颅分为鼻区、眼区、耳区、枕区等4区，分别作详细的叙述（图2-4至图2-10，彩图4至彩图6）。

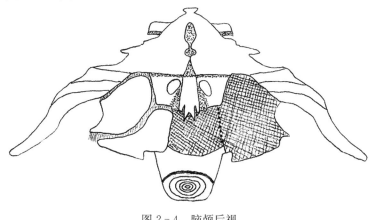

图 2-4 脑颅后视

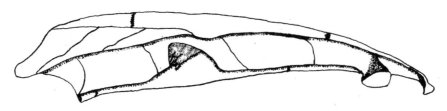

图 2-5　脑颅侧面观

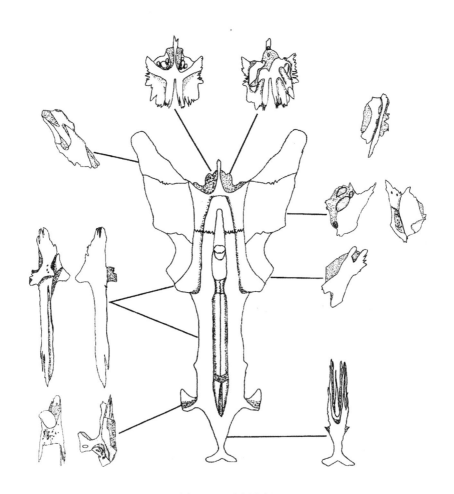

图 2-6　脑颅背视

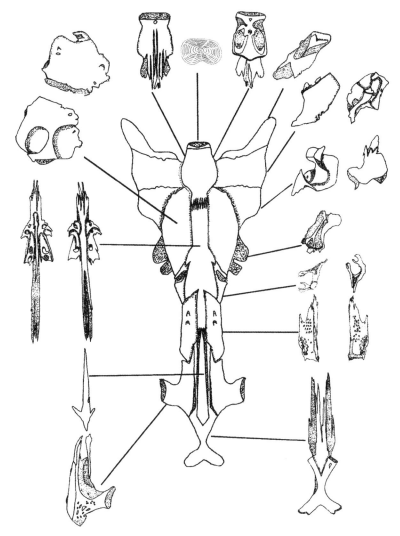

图 2-7 脑颅腹面观

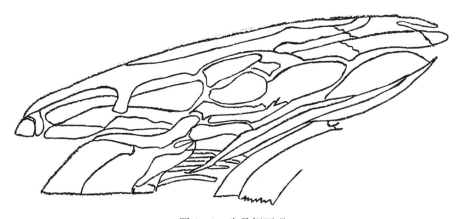

图 2-8 头骨侧面观

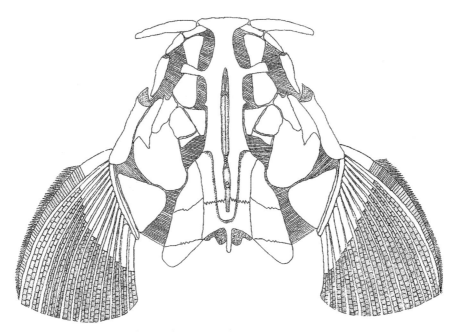

图 2-9 头骨背面观

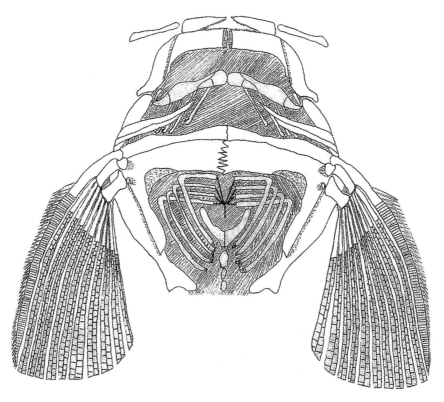

图 2-10 头骨腹面观

（一）鼻区

为围绕嗅囊的一些骨骼。黑斑原鮡脑颅包括鼻骨、中筛骨、侧筛骨、犁骨，另外有一对支持颌须的骨骼，称之为颌须骨。

中筛骨：一块，位于脑颅背面前端中央，由膜骨和软骨化骨组成的复性骨，背腹面观均呈 Y 形，背面后端分叉，呈细长齿状，与后面的额骨相嵌合，共同组成脑颅的"前囟"，侧面外缘从前至后依次与侧筛骨、鼻骨相连，腹部有一狭长的△形凹槽，犁骨便镶嵌在其中，腹部中央前端有一神经孔为嗅神经通孔，腹部亦有细长齿缘，与副蝶骨相嵌合，这些细长齿缘大大增加了脑颅的稳定性和坚固性。

侧筛骨：为一对膜骨，在前后鼻孔正下方，与中筛骨分叉端弯月形接触面以韧带相接，且接触面扩大。另一端有细长齿缘，与中筛骨以及副蝶骨紧密相嵌合，在其末端有许多微细小孔为血管神经孔，且与鼻骨接触端根部有一扩大的近△形孔为嗅神经通孔。

鼻骨：为一对膜骨，近脑颅前方侧面，介于额骨和副蝶骨之间，紧挨侧筛骨。呈扩大的平面状，有为数众多的呈蜂窝状的小孔，为微细血管和脑神经通孔。与额骨、中筛骨以及侧筛骨的接触面扩大，与翼蝶骨接触端有细长齿缘。

犁骨：一块，为位于脑颅腹面前端的膜骨，呈薄片状，似"十"字形，镶嵌于中筛骨腹面凹槽内，向后延伸，同时嵌入副蝶骨的骨缝中。

颌须骨：为位于脑颅前端，中筛骨前端两侧的一对膜骨，呈棒状，与中筛骨的接触端呈扩大的钝圆平面，且有一纵沟从其基部延伸至中央为神经通道，以韧带与中筛骨相连，用以支持发达的颌须。

（二）眼区

为围绕眼球周围的一些骨骼。在黑斑原鮡的脑颅中仅有额骨、副蝶骨、翼蝶骨，其他的骨骼诸如眶蝶骨、基蝶骨、围眶骨系均已经退化消失。

额骨：为一对位于脑颅背面中部的膜骨，形似"十"字形，但较犁骨大，为脑颅骨骼中形态较大的一对骨骼，前端有稀疏的齿缘，与中筛骨相嵌合，在额骨近中后部位内侧突出且其末端呈齿缘，从而使两额骨牢固的相互嵌合在一起，与中筛骨共同组成"前囟"，在额骨后外侧也有较为明显细齿缘，从前到后依次与蝶耳骨、翼耳骨相连接，后端与上枕骨由彼此的骨缝相互缝合在一起，共同组成"后囟"，背面较为平坦，腹面在其中部有一隆嵴，有微细小孔，为嗅神经通孔，腹面外缘依次接鼻骨、翼蝶骨、前耳骨。

副蝶骨：为一块位于脑颅腹面中部的膜骨，外侧中前端有一细长的纵沟，犁骨便牢固地镶嵌在其中，中部纵向外展且渐薄，在其扩大处有一对圆孔，为神经通道，在末端有细长的齿缘，与基枕骨相嵌合连接，背面从前至后有渐为隆起的趋势，腹面较为平坦。副蝶骨前接中筛骨，侧面外缘从前往后依次与侧筛骨、鼻骨、翼蝶骨、前耳骨相连接。

翼蝶骨：为一对位于脑颅腹面中部的膜骨，呈倒置的板凳状，为脑颅骨骼中较小的骨骼，前与鼻骨相接，内侧与副蝶骨相接，后与前耳骨相接，两"凳腿"与额骨相接，与额骨共同组成空腔，为神经通道。接触面扩大。

（三）耳区

围绕内耳周围的一些骨骼，在黑斑原鮡中耳区的骨骼包括蝶耳骨、前耳骨、后耳骨、翼耳骨、上耳骨。

蝶耳骨：为一对位于脑颅背面中后端的膜骨，似【形，前面、侧面被额骨"十"字形横杠上翘而包围，接触面扩大，后端呈细的锯齿缘，与翼耳骨相嵌合连接，腹面外缘与前耳骨以韧带相衔接，背面较为平坦，腹面则有一纵嵴，近翼耳骨端有一"陷窝"。

翼耳骨：为一对位于脑颅背面近后端的膜骨，形似一滴坠落中的水滴，末梢指向上耳骨，背面内侧与额骨相接，后接上耳骨，腹面外缘与侧枕骨相接，接触面扩大，以增加接触面积，增加稳固性，在其接触端有形状不一的骨孔为听神经通孔，外缘较为流线，背面较为平坦，腹面自外缘向内渐为隆起。

上耳骨：为一对位于脑颅背面最后端的膜骨，呈延伸的长条状，背面与翼耳骨、上枕骨相接，腹面与后耳骨相接，背面较为平坦，腹面在近中部处有一横嵴。

前耳骨：为一对位于脑颅腹面中后端的膜骨，呈梅花状，前接翼蝶骨，内侧依次接副蝶骨和基枕骨，外侧边缘依次接额骨和顶骨，后接侧枕骨，外侧面平滑，内侧面近翼蝶骨处有一明显的陷窝，为耳石所在位置，同时内侧卷曲，组成一神经通道。

后耳骨：为一对位于脑颅后端的膜骨，形似一个肥硕的逗号，内侧自上而下依次接上枕骨、侧枕骨，接触面扩大为横断面，背面较为平滑，腹面有一扩大的隆嵴，嵴顶横断面扩大、平坦化，与侧枕骨以韧带紧密的连接，隆嵴根部有一陷窝，为耳石所在位置。

（四）枕区

脑颅的最后部分，围绕枕骨大孔的骨骼，在黑斑原鮡中枕区的骨块有上枕骨、侧枕骨、基枕骨，另外还有一块在其他鱼类中从来没有报道过的骨块，此骨位于基枕骨后面，以肌肉组织紧紧黏附在基枕骨上，称为基垫骨。

上枕骨：为一块位于脑颅背面后端中央的膜骨，背面中央后端有较高的上枕嵴突出，后端有细长齿缘，嵌入第一脊椎骨，在上枕嵴两侧分别有一枕窝，后视有一对大孔，为血管通道，前端为细长的齿缘，与一对额骨共同组成脑颅的"后囟"，外端细齿缘，背面由前至后分别与翼耳骨、上耳骨相嵌合，腹后缘与侧枕骨相连。

侧枕骨：为一对位于脑颅后端的膜骨，具有锐角转角结构，转角上部与上枕骨、后耳骨相连，转角腹部由前至后分别与前耳骨、基枕骨相连，外缘与翼耳骨、上耳骨相连，转角根部有一椭圆小枕孔，为舌咽神经与迷走神经的通孔。左右侧枕骨不相接，而是与上枕骨，基枕骨共同组成枕孔，侧枕骨内侧有很深的凹沟，以容纳内耳的球囊和耳石。

基枕骨：为一块位于脑颅后腹面的膜骨，背视前端有凹槽且有细齿边缘，与副蝶骨相嵌合，在其后端背面有一较为明显、形状较为规则的圆孔，侧面与蝶耳骨、翼耳骨相连，上面与侧枕骨相连，腹面有一对膨大的、椭圆状的枕窝，为耳石所在位置，后端与基垫骨紧密相连，去掉基垫骨可以清楚地看到年轮，因此可以用基枕骨来判断年龄。

基垫骨：为一块位于脑颅后端与基枕骨紧密相连的骨骼，用沸水煮才能使基垫骨与基枕骨相分离，基枕骨呈薄片状，在解剖镜下观察发现有清晰的年轮存在，可以作为年龄鉴定的材料之一。鉴于该骨块在已有的参考书以及资料未有论述，暂定为基垫骨。此骨片为基枕骨和第一脊椎骨的连接骨块（表 2-9）。

表 2-9 脑颅各区骨骼分布

骨　骼	位　置	来　源	数　目
鼻　区			
（1）侧筛骨	背侧面	膜骨	2
（2）颌须骨	背面前端	膜骨	2
（3）中筛骨	背面	膜骨	1
（4）鼻骨	侧面	膜骨	2
（5）犁骨	腹面	膜骨	1
眼　区			
（6）额骨	背面	膜骨	2
（7）副蝶骨	腹面	膜骨或软骨化骨	1
（8）翼蝶骨	腹侧面	软骨化骨	2
耳　区			
（9）蝶耳骨	背面	膜骨	2
（10）前耳骨	腹面	复性骨	2
（11）后耳骨	后背面	复性骨	2
（12）翼耳骨	后背侧	膜骨	2
（13）上耳骨	后外侧	膜骨	2
枕　区			
（14）上枕骨	后背端	复性骨	1
（15）侧枕骨	后侧面	软骨化骨	2
（16）基枕骨	后腹端	软骨化骨	1
（17）基垫骨	后腹端	软骨化骨	1

二、咽颅

为支持两颌、舌弓、鳃弓的系列骨块，具体可以分为颌弓、舌弓、鳃盖骨系、鳃弓系列骨骼（图 2-11 至图 2-15，彩图 7 至彩图 9）。

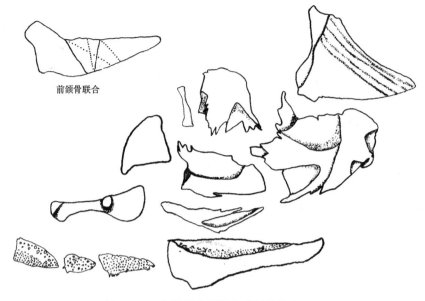

前颌骨联合

图 2-11　上颌部分零散的咽颅骨骼背面观

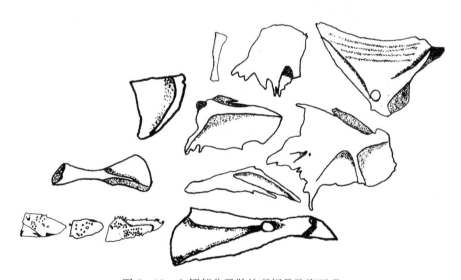

图 2-12　上颌部分零散的咽颅骨骼腹面观

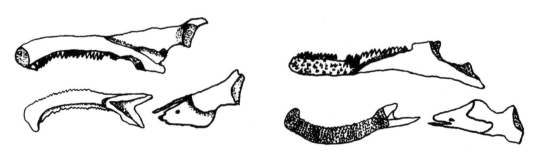

图 2-13　下颌骨系

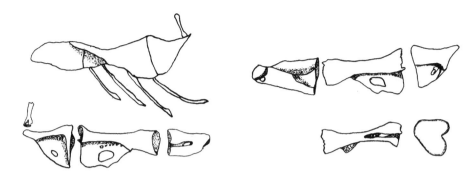

图 2-14　部分舌弓

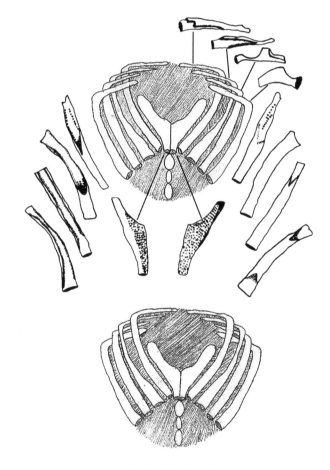

图 2-15　鳃　弓

（一）颌弓

　　包括上颌骨和下颌骨，在黑斑原鮡中上颌骨包括前颌骨、上颌骨、方骨，下颌骨包括齿骨、关节骨。

前颌骨：为三对位于头部上颌前端的膜骨，每侧有 3 块前颌骨，在未经沸水煮泡时，这 3 块前颌骨是相互连接为一体，似扁长的△形，由前至后逐渐扩大，其中中间一块最小，3 块前颌骨的内侧均有绒毛状细齿，用以支持外表的上颌齿带，外侧面凸凹不平，且有为数众多的微细小孔，这 3 块相连的前颌骨在一定的范围内可以相互错离，同时两侧的第一前颌骨以韧带相互连接，构成上颌前部。

上颌骨：为一对位于第一前颌骨正后方、中筛骨突出下端的膜骨，呈手柄状，背面观有一隆嵴，嵴顶呈断面，与侧筛骨相接，腹面较为平滑，侧面观在其中央有一圆孔，后接续骨、前鳃盖骨、舌颌骨，空隙处以肌肉填充，增大了颌弓的活动性和灵活性。

方骨：为一对位于头部中央的薄片状软骨化骨，形似等边三角形，内侧缘接额骨、蝶耳骨，外侧缘接间鳃盖骨、舌颌骨，前接上颌骨、续骨，在近额骨内侧边缘有一浅的陷窝。

齿骨：为一对位于头部下颌前端的棒状膜骨，位于第一前颌骨的正下方，未经沸水煮泡时，腹部有细长绒毛状细齿，同时向边缘延伸，用以支持外表的下颌齿带；沸水煮泡后，细长绒毛状结构掉落，腹面呈密密麻麻的颗粒状突起，边缘呈锯齿状，在其与关节骨接触端有一△形的凹槽，关节骨镶嵌于此，两侧的齿骨以韧带相接，构成下颌前部。

关节骨：为一对位于头部腹面前端嵌合在齿骨后端的膜骨，形似马蹄，近齿骨的接触端骨渐薄，同时有边缘呈齿状，紧紧嵌合在齿骨的凹槽内，与齿骨接触端有一微孔为血管神经孔，另一端断面呈弧形，与基鳃盖骨围套在一起，增加了下颌的牢固性和灵活性。

（二）舌弓

在黑斑原鮡中支持舌弓的骨骼有茎（间）舌骨、上舌骨、角舌骨、下舌骨、续骨（缝合骨）、舌颌骨等这样一些骨骼。

茎舌骨：为一对位于头部腹部近边缘的软骨化骨，呈短小圆棒状，镶嵌于上舌骨凹关节且几乎成 90°角向前延伸，与基鳃盖骨平行，舌弓借此与上颌诸骨相关节。

上舌骨：为一对位于头部腹部近边缘的软骨化骨，形似△状，尖端指向基鳃盖骨，近鳃条骨一侧渐为隆起，另一侧则渐为薄扁，中部有一椭圆形孔，为血管神经孔，腹部观围绕此孔有一陷窝。

角舌骨：为一对位于头部腹部的软骨化骨，与上舌骨接触端较与下舌骨接触端大，接触端均呈锯齿状，中部有一方形的孔为血管神经孔，侧面观在近下舌骨部位有一纵向的沟壑，沟内分布若干小孔为血管神经孔，有两条鳃条骨连接于此骨的一侧，与茎舌骨的走向反向。

下舌骨：为一对位于头部腹部的软骨化骨，与角舌骨相接，接触端横断面扩大，侧面观有一小孔为血管神经孔，在其侧面亦连接有两条鳃条骨，走向与茎舌骨的走向相反。

续骨：为一对位于头部背面的软骨化骨，呈短小条状，前接上颌骨，后接前鳃盖骨。

舌颌骨：为一对位于头骨后侧的软骨化骨，前端与上颌骨接触端近圆形，靠近脑颅一侧边缘隆起与前鳃盖骨相关节，后端亦扩大与主鳃盖骨相关节，远离脑颅的一侧渐薄有突出的关节与下鳃盖骨相嵌合。

（三）鳃盖骨系

黑斑原鮡有发达的鳃盖骨系，包括 5 对骨片和 4 对鳃条骨：主鳃盖骨、前鳃盖骨、间鳃盖骨、下鳃盖骨、基鳃盖骨、鳃条骨。

主鳃盖骨：为一对头骨中靠后的薄片状膜骨，扇形状，扇柄指向外侧，上匙骨为此骨后端边缘所遮盖，前接间鳃盖骨，与间鳃盖骨接触端有不规则的纵沟，此部分与间鳃盖骨相重叠，脑颅边缘与主鳃盖骨边缘相重叠，背面观有明显的横向波纹为年轮，可以用来鉴定年龄。腹面观，在近脑颅端有隆嵴，隆起一侧有一陷窝，另一侧则是大小不一的小孔。

前鳃盖骨：为一对位于间鳃盖骨前缘的膜骨，在近主鳃盖骨一侧平滑，另一侧则呈锯齿状，与方骨、续骨、舌颌骨紧紧连接在一起，腹面观有明显的纵沟，纵沟端部有一微细管道为容纳感觉管的前鳃盖下颌管。

间鳃盖骨：为一对位于主鳃盖骨前缘的膜骨，近主鳃盖骨处边缘较为平滑，另一侧边缘则呈锯齿状，分别与方骨、前鳃盖骨、舌颌骨、下鳃盖骨相接，接触面横断面扩大，背面凸凹不平，腹面观则有隆嵴，内呈沟或管状。

下鳃盖骨：为一对位于间鳃盖骨前下缘、前鳃盖骨下缘的膜骨，呈 L 形，与间鳃盖骨接触端有分叉，从而镶嵌在间鳃盖骨内，腹面观有纵沟，与舌颌骨相嵌合，下缘与基鳃盖骨相接。

基鳃盖骨：为一对位于下鳃盖骨下缘的膜骨，呈狭长的△形，上接下鳃盖骨，前接第三前颌骨，后接上匙骨，在头骨腹面还与舌弓的下舌骨相接，腹面有隆嵴，根部有一陷窝。

鳃条骨：为 4 对长条形骨，前两条附于下舌骨腹外缘，后两对附于角舌骨腹外缘，且较前两对长。

（四）鳃弓

在黑斑原鮡中，鳃弓共有 4 对，围绕口咽腔的后部，第五对变异为下咽骨。从背至腹为：上鳃骨、角鳃骨、下咽骨、基鳃骨。

上鳃骨：共有 4 对长条形骨，腹端各与角鳃骨相接，以韧带各自对接，背面呈凹沟状，内嵌藏有入鳃和出鳃动脉，且从外侧到内侧上鳃骨渐短。

角鳃骨：为 4 条长条弧形骨，后背端与上鳃骨相接，接触端横断面扩大，以韧带与基鳃骨相接，相接处呈扁平状，同时近基鳃骨端背面呈凹沟，内嵌入鳃和出鳃动脉。

下咽骨：五对鳃弓角鳃骨演变而来的一对膜骨，呈托起的手掌模样，背面密布绒毛状细齿带，两下咽骨"手掌"相合，"手指"指向上鳃骨，"掌根"与第三基鳃骨以韧带相连接。

基鳃骨：为头部腹面正中，形似橄榄球，排成一列，共有 3 块，第 2 块较小，其他 2 块几近相同，均以韧带与角鳃骨相接（表 2 - 10）。

表 2 - 10　咽颅各区骨骼分布

骨　　骼	位　　置	来　源	数　　目
颌弓			
上颌			
(1) 前颌骨	前背侧	膜骨	6
(2) 上颌骨	前外侧	膜骨	2
(8) 方骨	与下颌相关	软骨化骨	2
下颌			
(9) 齿骨	下颌前部	膜骨	2
(12) 关节骨	齿骨后方	复性骨	2
舌弓			
(14) 茎 (间) 舌骨	与续骨关节	软骨化骨	2
(15) 上舌骨	前鳃盖骨内侧	软骨化骨	2
(16) 角舌骨	间鳃盖内侧	软骨化骨	2
(17) 下舌骨	齿骨内侧	软骨化骨	2
(20) 续骨 (缝合骨)	后翼骨与方骨间	软骨化骨	2
(21) 舌颌骨	前鳃盖骨前缘	软骨化骨	2
鳃盖骨系			
(22) 主鳃盖骨	后外侧	膜骨	2
(23) 前鳃盖骨	主鳃盖骨前缘	膜骨	2
(24) 间鳃盖骨	前鳃盖腹缘	膜骨	2
(25) 下鳃盖骨	主鳃盖骨腹缘	膜骨	2
(26) 鳃条骨	附于上舌、角舌骨腹侧	膜骨	8
(27) 基鳃盖骨	后外侧	膜骨	2
鳃弓			
(28) 上鳃骨	前骨后端	软骨化骨	8
(29) 角鳃骨	口腔腹侧壁	软骨化骨	8
(31) 基鳃骨	腹中央	软骨化骨	3
(32) 下咽骨	口咽腔腹后方	软骨化骨	2

三、附肢骨骼

　　鱼类的附肢骨骼也和别的高等动物一样，有支持偶鳍的带骨和支持鳍的支鳍骨。带骨又可分为支持胸鳍的骨骼称肩带，还有支持腹鳍的骨骼为腰带。(图 2 - 16 至图 2 - 18，彩图 10、彩图 11)。

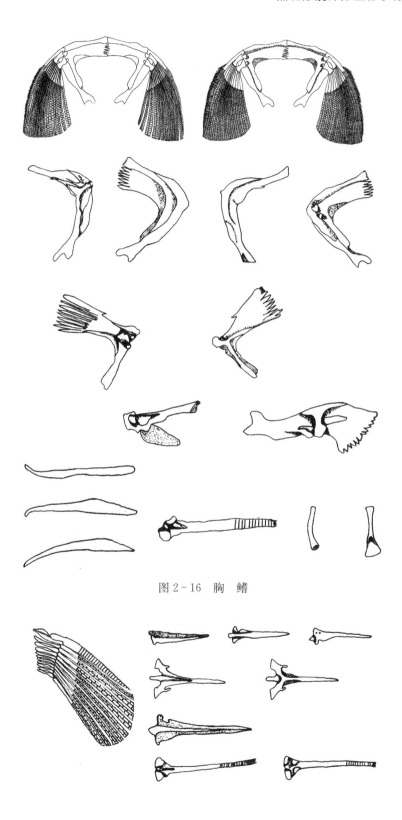

图 2-16　胸　鳍

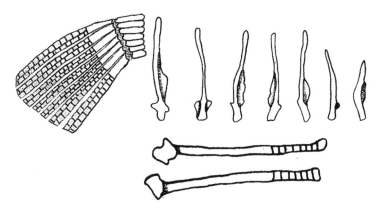

图 2-17 背鳍、臀鳍

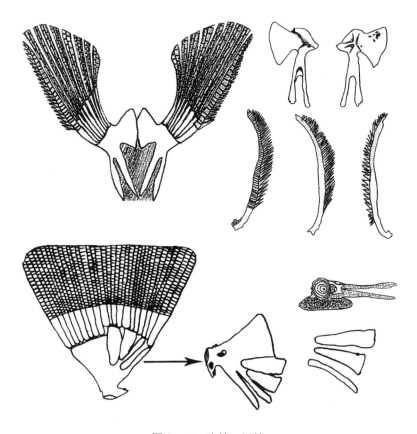

图 2-18 腹鳍、尾鳍

（一）肩带和支鳍骨

黑斑原鮡的肩带包括肩胛骨、乌喙骨、上匙骨、匙骨、后匙骨。支鳍骨退减为两枚，为前鳍基骨和后鳍基骨。

肩胛骨：为一对位于鱼体前端腹部的膜骨，呈倒写的 L 形。外侧面观较为光滑流线，内远离头部一端呈现<形，另一端平齐，为两肩胛骨的接触端，放大观察可以发现此端有细的锯齿，相互牢固的嵌合在一起；背面 L 形拐角两侧分别有凹沟延长至端头，与乌喙骨相扣；顶端观察可以清楚地看到两骨块组成两个大的△形孔，与鳍基骨相接，接触端扩大呈平面状，保证了鳍基骨较大的活动区域，充分调动了胸鳍运动的灵活性。

乌喙骨：为一对位于鱼体前端腹部的膜骨，亦呈倒写的 L 形，但较肩胛骨长柄短且横向扩大，两乌喙骨接触端呈锯齿状，相互嵌合紧密联系在一起，外侧面较为光滑，在其腹部有两突起，突起端呈平面状，为鳍基骨接触面，突起端基部有两个圆形小孔，为血管神经孔。一个弯月形的凹沟，凹沟内侧与陷窝相接，俯视腹部，有两个明显的陷窝，为前后鳍基骨所在之处。

支鳍骨：为两对用以支持胸鳍鳍条的膜骨，活动在陷窝和扩大的平面板上，保证了胸鳍的灵活性，前鳍基骨较后鳍基骨小，都呈手柄状，与鳍条接触端较另一端扩大，以韧带与胸鳍鳍条相连接。

上匙骨、匙骨、后匙骨：为 3 对位于鱼体前端的薄片状膜骨，均呈弯月状，其中上匙骨紧贴主鳃盖骨后边缘之上，往后依次为匙骨紧贴上匙骨后边缘之上、后匙骨紧贴匙骨后边缘之上，三块骨条均一部分位于鱼体背面，另一部分则位于鱼体腹面。

鳍条骨：共有 13 对鳍条，其中第一鳍条与肩胛骨和乌喙骨所组成的联合骨块拐角处陷窝相扣，且该接触端膨大呈梅花状，端部前方有深沟，可分解为一段辐状软骨以及鳞质鳍条，但不分层；剩下的 12 对鳍条，接触端均扩大以韧带与鳍基骨相接，同样可分解为一段辐状软骨和鳞质鳍条，在用沸水煮这些鳍条的时候，每根鳍条均分为上下两层。

（二）腰带和支鳍骨

黑斑原鲱腹鳍位于第 13～17 脊椎骨之间，腰带仅为一对鳍基骨所组成，且与胸鳍有一段距离，为腹鳍腹位，鳍基骨与辐状软骨相接一侧呈斧头状，两鳍基骨斧刃横断面扩大同时以韧带相连，另一侧则分叉，分叉末端放大观察呈锯齿状，使两鳍基骨内侧紧密嵌合在一起，斧刃对侧有隆嵴，隆嵴一侧有一小孔，为血管神经孔，近斧刃一侧平面有大小不一、形状各异的小孔，为血管神经孔。

外侧鳍条是一对以结缔组织相连接的硬棘，腹面硬棘略长于背面硬棘，且外缘绒毛状细骨条亦多于背面硬棘，众多的细丝软骨支持着皮肤表层的皱褶，从而加强了爬吸能力，其内侧的 10 对鳍条则以扩大的△形结构与鳍基骨平稳地连接，这 10 对鳍条由一段辐状软骨以及鳞质鳍条组成。

（三）奇鳍

奇鳍包括背鳍、臀鳍、尾鳍。

背鳍：位于第5～8脊椎骨之间，以韧带与脊椎骨髓棘相接，其中第一背鳍鳍条与鳍基骨相愈合，与脊椎骨接触端扩大呈帽状，端部中央有△形的孔为血管神经孔，内侧面有短而窄的纵沟，纵沟后端则是鳞质鳍条；第二支鳍骨与第二鳍条以韧带相接，支鳍骨与髓棘接触处扩大为M形，在靠近第一背鳍一侧有纵嵴，嵌入第一背鳍的纵沟，另一端呈锥状；第三支鳍骨同样与第三鳍条以韧带相连，与脊椎骨接触端呈扁平的W形，自中部向后有延伸的隆嵴，另一端亦呈锥状；除第一鳍条不分层外，其他的11对鳞质鳍条均在沸水的浸泡下分层，同时没有鳍基骨的其他鳍条均有辐状软骨与脊椎骨相连接。

臀鳍：位于第22～26脊椎骨之间，臀鳍的鳍条均与鳍基骨相连，鳍基骨以肌肉组织与脊椎骨的髓棘相连。共有鳍基骨7根，从前至后渐为短小，第二至第五鳍基骨与脊椎骨接触端呈膨大的"十"字状，第一鳍条与鳍基骨接触端膨大，7对鳞质鳍条均可分层，鳍基骨数等于鳍条数，为典型的新鳍鱼类。

尾鳍：支鳍骨由1块尾杆骨和3根尾下骨所组成，尾杆骨分叉，上侧呈扇形状，下侧在没有经过开水处理时为一条尖细长骨条，处理后则变为分叉状骨条，基部近似圆柱形，有两个较为粗大的血管神经孔，尾杆骨顶部观（即与最后一枚脊椎骨相连方向）有较为明显的年轮，且有圆形髓孔和较为短小的脉棘，尾下骨有3块以韧带紧密的黏合在一起，嵌于尾杆骨分叉空余处，19对鳍条以肌肉组织与尾鳍支鳍骨相连，每一对鳍条在开水处理后均可分开，每一鳍条均由一段辐状软骨和鳞质鳍条所组成。

四、脊椎骨

黑斑原鮡脊椎骨37枚（图2-19、图2-20，彩图12至彩图15），如下：

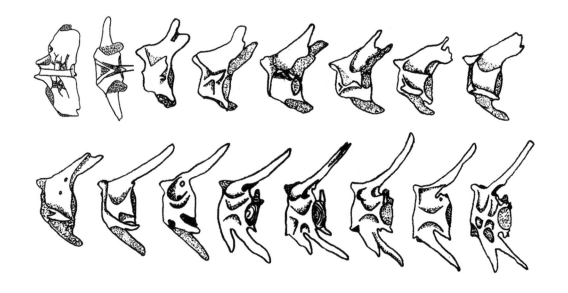

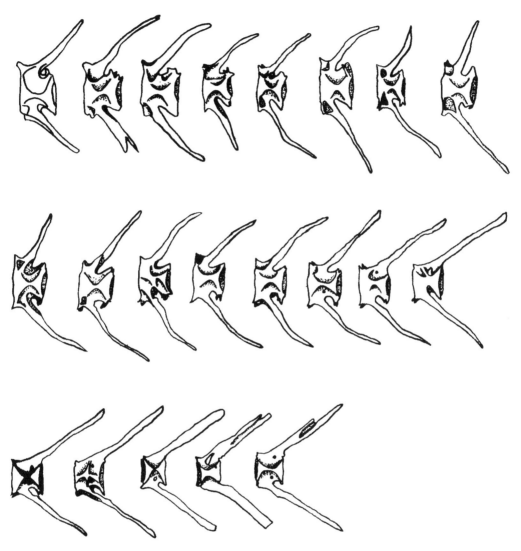

图 2-19　脊椎骨侧面

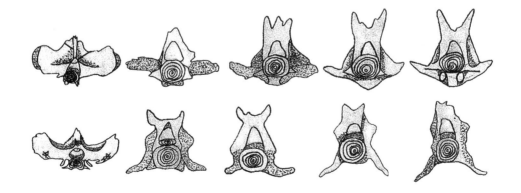

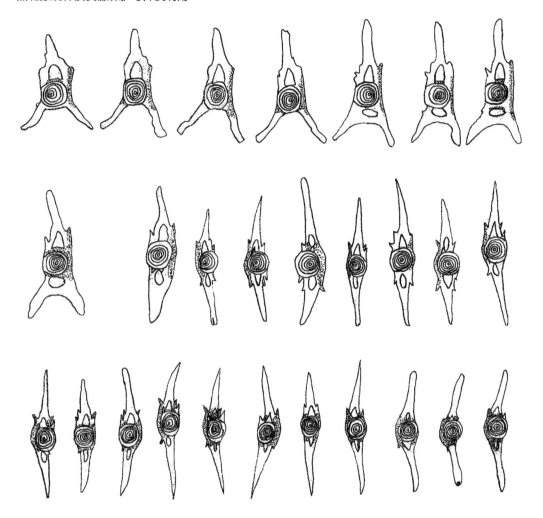

图 2-20　脊椎骨背面

第一脊椎骨：前端与基垫骨、上枕骨以韧带紧密相接，椎体与基枕骨相接，扩大的横突与上枕骨相接，横突一对，变宽变长；后观，横突卷曲，无脉棘、髓棘，有扩大的呈△形的椎孔，在间背片上端有一微小的圆孔为血管神经孔，前后关节突各一对，近横突。

第二脊椎骨：横突较第一脊椎骨短小，末端呈锯齿状，横突一对，尚未出现髓棘，髓弓边缘亦呈锯齿状，亦有扩大的呈△形椎孔，前后关节突各一对，近横突。

第三脊椎骨：髓弓上近椎体边缘处有一对微细血管孔，髓弓、横突与髓体完全愈合，横突一对，髓棘一对，在髓棘与髓弓交界处有一向后的突出，与髓棘几近等长，横突缩短变宽，其根部向前延伸出一突出，前关节突一对近横突，后关节突一对较为粗大，椎孔呈△形。

第四脊椎骨：髓弓、横突近髓体处有少许微细血管孔，髓弓、横突均与髓体愈合，横突一对，进一步缩短，在其根部有一分叉，长度未及横突，髓棘一对，其根部亦有一分支，不甚明显，前关节突一对位于髓体近横突边缘，后关节突一对较为粗大，椎孔呈△形。

第五脊椎骨：髓弓边缘近髓体处有少许微细血管孔，髓弓、横突均与髓体愈合，横突一对，髓棘一对，髓体侧面有一对陷窝，前关节突一对近横突，后关节突一对近髓弓，椎孔呈△形。

第六脊椎骨：髓弓边缘有少许微细血管孔，横突根部亦有微细血管孔，髓弓与髓体愈合，横突一对与髓体少许分离，髓棘一对形如牦牛角，前后关节突各一对，椎孔呈△形，椎体侧面有一对陷窝。

第七脊椎骨：髓弓边缘近髓体有少许血管孔，髓弓与髓体愈合，横突一对与髓体少许分离，髓棘一对，髓体侧面有一对陷窝，前关节突一对不甚明显，后关节突一对近髓孔，椎孔呈△形。

第八脊椎骨：髓弓边缘近髓体有少许血管孔，横突、髓弓与髓体有少许分离，髓棘、横突各一对两者几乎等长，前关节突一对近横突，后关节突一对近椎孔，椎孔呈△形。

第九脊椎骨：髓弓、横突根部近髓体处有少许微细的血管孔，横突、髓弓与髓体有少许分离，髓棘一粒变宽变厚仅末端变尖，横突一对末端为膨大的横断面，前关节突两对，后关节突一对，椎孔呈△形。

第十脊椎骨：髓弓根部近髓体处有一微细血管，髓弓、横突与髓体均部分分离，横突一对、髓棘一粒，髓棘略长于横突，前关节突两对近髓弓的一对较小，后关节突一对近髓弓，椎孔呈△形。

第十一脊椎骨：髓弓根部近髓体处有一微细血管孔，髓弓、横突与髓体有部分分离，横突一对、髓棘一粒，髓棘略长于横突，横突末端横断面扩大，前关节突两对，近髓弓一对关节突拉伸与髓棘相连组成一血管孔，后关节突一对近髓弓，椎孔呈△形。

第十二脊椎骨：较前面一些脊椎骨小，髓弓根部近髓体处有一微细血管孔，髓弓、横突与髓体均部分分离，横突一对，髓棘一粒，髓棘略长于横突，横突末端横断面扩大，前关节突两对，近髓弓一对关节突向横突方向弯曲，后关节突一对近髓弓，椎孔呈△形。

第十三脊椎骨：髓弓根部近髓体处有一微细血管孔，髓弓、横突与髓体部分分离，髓棘一粒，横突一对，髓棘略长于横突，髓棘末端有分叉，前关节突两对，近髓弓一对关节突膨大分叉，后关节突两对，近横突关节突较小不甚明显，椎孔呈△形。

第十四脊椎骨：髓弓根部近髓体处有一微细血管孔，髓弓、横突与髓体有部分分离，脉棘一对，髓棘一粒，髓棘略长于横突，前关节突两对，近髓弓一对关节突分叉，后关节突两对，近脉弓关节突呈尖状，椎孔呈△形，脉孔呈椭圆形。

第十五至十七脊椎骨：髓弓根部近髓体处有少许微细血管孔，髓弓、脉弓均与髓体部分分离，脉棘一对，髓棘一粒，髓棘略长于脉棘，前关节突两对，近髓棘关节突略长，后关节突两对，近脉弓关节突与臀鳍接触面横断面扩大，椎孔呈△形，脉孔呈圆形。

第十八脊椎骨：髓弓根部近髓体处有少许微细血管孔，髓弓、脉弓均与髓体部分分离，髓棘一粒，脉棘一对，髓棘长于脉棘，前关节突两对，近髓棘处略长，后关节突两对，脉弓上有两个近似大小的圆形孔暂时称之为脉孔，椎孔呈△形。

第十九脊椎骨：髓弓根部近髓体处有一微细血管孔，髓弓、脉弓均与髓体部分分离，脉棘末端横断面变宽，脉棘、髓棘各一粒，髓棘长于脉棘，前关节突两对近髓棘端长，后关节突两对，脉孔、髓孔均呈△状，髓孔稍大于脉孔。

第二十脊椎骨：髓弓根部近髓体处有两个微细血管孔，髓弓、脉弓均与髓体部分分离，脉棘末端横断面变宽，脉棘、髓棘各一粒长度几乎相等，前关节突两对长度相近，后关节骨两对，脉孔、髓孔均呈△状，髓孔稍大于脉孔。

第二十一脊椎骨：脉弓根部近前关节突处有一个微细血管神经孔，髓弓、脉弓均与髓体部分分离，髓棘短于脉棘，前关节突两对，靠近髓棘的关节突延长变宽，后关节突两对，脉孔、髓孔呈△形，孔径几乎相等。

第二十二脊椎骨：脉弓根部近前关节突处有一个微细血管神经孔，髓弓、脉弓均与髓体部分分离，髓棘与髓体部分分离，髓棘短于脉棘，前关节突两对，后关节突两对，脉孔、髓孔呈△形，孔径几乎相等。

第二十三至二十六脊椎骨：脉弓、髓弓边缘近髓体处有不规则的微细血管孔，髓弓、脉弓均与髓体部分分离，髓棘短于脉棘，前关节突两对，近脉棘的一对前关节突略长，后关节突两对，脉孔、髓孔呈△形，孔径几乎相等。

第二十七至二十八脊椎骨：脉弓根部近髓体处有一个血管神经孔，髓弓、脉弓均与髓体部分分离，髓棘几乎与脉棘等长，前关节突两对，近脉棘的一对前关节突略长，后关节突两对，脉孔、髓孔呈△形，脉孔略大于髓孔。

第二十九至三十脊椎骨：脉弓根部近髓体处有一个血管神经孔，髓弓、脉弓均与髓体部分分离，髓棘略长于脉棘，前关节突两对，后关节突一对近脉弓，脉孔、髓孔呈△形，脉孔略大于髓孔。

第三十一脊椎骨：髓体边缘两侧各有一个血管神经孔，髓弓根部有一横沟，髓弓、脉弓均与髓体部分分离，髓棘略长于脉棘，前关节突两对，后关节突一对，近脉弓，脉孔、髓孔呈△形，脉孔略大于髓孔。

第三十二脊椎骨：髓体边缘两侧各有一个血管神经孔，脉弓与髓体部分分离，髓弓与髓体完全愈合，髓棘略长于脉棘，前关节突两对，后关节突一对近脉弓，脉孔、髓孔呈△形，较前面的脊椎骨脉孔、髓孔有变小的趋势。

第三十三至三十五脊椎骨：髓体边缘两侧各有一个血管神经孔，脉弓与髓体部分分离，髓弓与髓体完全愈合，髓棘略长于脉棘，前关节突两对，后关节突一对近脉弓，脉孔、髓孔呈△形。

第三十六脊椎骨：髓体边缘两侧各有一个血管神经孔，脉弓、髓弓与髓体部分分离，髓棘略长于脉棘，前关节突两对，后关节突一对近脉弓，脉孔、髓孔呈△形，脉孔小于髓孔。

第三十七脊椎骨：髓体边缘两侧各有一个血管神经孔，脉棘与髓体部分分离，髓弓与髓体完全愈合，髓棘略长于脉棘，前关节突两对，后关节突一对近脉弓，脉孔、髓孔呈△形，脉孔小于髓孔。

五、腹肋

共 13 对（彩图 10），从第 4 枚脊椎骨开始，第 16 枚脊椎骨结束，以韧带与脊椎骨横突或脉棘相连，第1枚腹肋短粗，往后腹肋则细长，至第9枚脊椎骨最长，即最后一枚有横突的脊椎骨，第10～13支腹肋则开始变短，腹肋与脊椎骨接触面呈钝圆状，从而有效增加了接触面积。无肌间骨以及背肋。

黑斑原鮡整体骨骼背面观见图2-21。

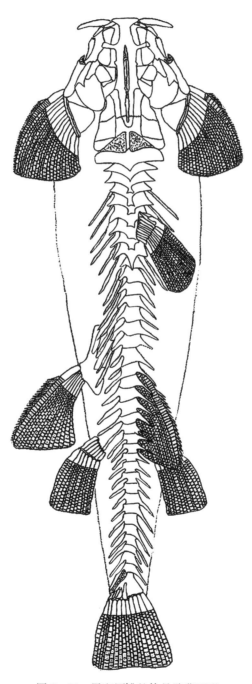

图2-21　黑斑原鮡整体骨骼背面观

第三章

黑斑原鮡人工繁育技术研究

为了保护开发利用黑斑原鮡这一宝贵资源，从 2014 年起，先后开展了黑斑原鮡的人工繁殖与苗种培育研究工作。2015 年，西藏自治区农牧科学院水产团队成功实现了黑斑原鮡的人工催产及繁殖，并研发建立了黑斑原鮡开口饵料供应模式，在仔鱼开口驯食人工饵料的研究上获得了阶段性的成功。

第一节　野生黑斑原鮡种鱼的驯化和日常养护

一、新进野生种鱼的驯化

（一）外伤控制

黑斑原鮡皮肤脆弱，捕捞、运输过程中极易受伤。因此，新进个体应注射硫酸庆大霉素（每千克体重 0.5 万 U）等广谱抗菌药防止感染，每 3 d 注射 1 次，连续 2～3 次，体表正常后可降低注射频率。

（二）开食训练

野生黑斑原鮡胆小易惊，应激反应较重，新引进个体往往不会主动摄食。此时应用麻醉剂 MS-222（其他麻醉剂有一定危险性）将其麻醉，用较柔软的塑料滴管将剁碎的摇蚊幼虫等天然饵料灌入其胃中，每周 1 次，其间继续投喂活鱼，观察到黑斑原鮡能主动捕食时即可结束。

二、水温控制

黑斑原鮡是冷水性鱼类，且对水温变化较敏感，水温超过 18 ℃时会逐渐死亡，通常应将水温保持在 8～15 ℃。

三、水质调控

野生黑斑原鮡生活在湍急清澈的河水中，对水质要求较高，日常饲养应选用自来水或水质良好、无菌无毒的其他水源，并保持水体氨氮浓度不高于 0.5 mg/L、亚硝酸盐浓度不高于 0.05 mg/L，酸碱度以中性至弱碱性为宜。

四、环境设置

饲养黑斑原鮡应使用内壁光滑的水族箱或水泥池等，底部可铺设底砂或放置石头等遮避物，但所有物体必须光滑并易于清理。另外，黑斑原鮡有一定的攀爬能力，水面距离池顶不应过短，也可加盖防止逃逸。

五、喂食

黑斑原鮡为肉食性鱼类，喜食西藏本地的高原鳅等小型底栖鱼类，但黑斑原鮡消化能力较差，所以喂食不宜过多、过勤。驯化后的种鱼一般每隔 3～4 d 喂食一次，每次喂食量占其体重的 3%～5% 即可。喂食活饵前要用浓盐水浸泡数分钟，防止病原体进入养殖水体。

六、疾病预防与治疗

黑斑原鮡皮肤薄，易受伤，且对多数药物敏感，一旦生病难以治疗，因此应以预防为主。

（一）预防措施

养殖水体应长期保持 5～12 的盐度，以防止各种真菌病、细菌病的发生。每隔半个月左右肌内注射庆大霉素一次，剂量为每千克体重 0.5 万 U。

（二）水霉病的治疗

黑斑原鮡对目前各种市售治水霉药物皆敏感，因此难以用药物浸泡方式治疗。一般发病较轻时可将病鱼捞出，在病灶处抹盐，15 s 后放回水中，1 h 后注射庆大霉素防止发炎，次日若仍见菌丝体可继续抹盐，重复数次直至痊愈。

（三）黄体病的治疗

该病是黑斑原鮡特有疾病，病鱼短时间内通体变为金黄色，行动迟缓，1～2 d 内即可死亡，目前病因不明。遇该病应马上注射庆大霉素，通常一次即可见效，剂量为每千克体重 0.5 万单位。

（四）小瓜虫病的治疗

黑斑原鮡感染小瓜虫初期体表症状不明显，但鳃丝处有明显白点，严重时鳃丝颜色变浅并有点状出血，体表皮肤点状或斑块状脱落。应在发病初期用 0.5 g/m³ 水体的生姜、辣椒合剂全池泼洒，连续数日至虫体消失，其间若见皮肤脱落症状，应及时注射庆大霉素消炎。

（五）肝病的预防

遇黑斑原鮡突然死亡，且体表无明显症状时应解剖并检查肝脏，若肝脏颜色变浅，可能是中毒，此时应检查水体水质指标，如有异常，及时换水，并减少喂食量。

第二节　黑斑原鮡的人工催产和授精技术

一、亲鱼的选择与雌雄鉴别

5 月上旬以后，要求水温稳定达到 11～12 ℃后，开始黑斑原鮡的人工繁殖。选择性腺发育成熟的亲本黑斑原鮡：雌鱼腹部圆大，轻压腹部有橘黄色透明的卵粒流出。雌雄黑斑原鮡的鉴别方法：在生殖期间，雌鱼腹部膨大、柔软，雄鱼腹部不膨大。主要以生殖孔来区别，雌鱼的生殖孔为圆形；雄鱼的生殖孔较尖，突出于泄殖孔。

二、黑斑原鮡人工催产

催产用器具：注射器（1 mL、5 mL）、电子秤、解剖盘、白瓷碗、毛巾、纱布等。

入池后第 1 天雌鱼注射促黄体素释放激素 A$_2$（LRH-A$_2$），注射剂量为每千克体重 10 μg，24 h 后检查催产效应，否则注射同样剂量第二针。此时，90% 以上亲鱼均会产生催产效应，对于 10% 未产生催产效应的亲鱼采取第三针，注射剂量为 LRH-A$_2$ 每千克体重 10 μg+DOM 每千克体重 10 mg，注射部位为鱼胸鳍基部的无鳞凹陷处，注射角度以针头朝鱼体前方与体轴成 45°角。

三、人工授精

按雄雌比 1∶3 准备好雄鱼，人工授精采用干法授精，将白瓷碗擦干，否则影响受精率。用事先准备好的毛巾将雌鱼身上的水擦干，用适当力度挤压雌鱼腹部，将成熟鱼卵挤入白瓷碗中，立即称重。

由于黑斑原鮡雄鱼精巢为分支状，精液很难挤出，只能将精巢取出，用研钵研磨后用适量生理盐水冲洗到盛有鱼卵的白瓷碗中，轻轻晃动白瓷碗，并加入适量清水，用羽毛轻轻搅动，使精卵混匀后放入孵化盘中进行孵化。孵化盘为 45 cm×5 cm×3 cm 的 30 目的网盘。鱼卵计数采取称重法计数，将鱼卵放在白瓷碗中称重，称完后再称取 1～2 g 鱼卵计数，然后换算成鱼卵数。对产后亲鱼胸腔注射青霉素，注射剂量为每千克体重 5 万 U。

四、人工孵化

（一）孵化水源与设备

孵化水源为地下水，经室外曝气池曝气后用水泵泵进孵化车间，受精卵采用玻璃钢平列槽流水孵化，平列槽大小 0.3 m（水深）×0.5 m（宽）×2 m（长），槽的一端竖一内径为 15.5 cm、高 32.5 cm、60 目的柱形筛网，柱形筛网内竖一内径为 6.5 cm、高 26.5 cm

的塑料管，流水培育，亲鱼入池培育水温为 13～14 ℃，用充气泵 24 h 充气增氧，溶解氧在 6.0～7.2 mg/L。

（二）受精卵积温的计算方法

种内生物体完成某一发育阶段所需的总热量是一个常数或者说生物体完成某一发育阶段所需的时间（天数或小时数）和温度（℃）乘积是一个常数，即℃·d 或℃·h。本书采用℃·h，温度（℃）为某一昼夜水体温度平均值，时长（h）为某一发育阶段的小时数。

（三）孵化管理

在同一孵化池的孵化用水要清新，富含氧气，无任何污染，溶氧量要求在 5 mg/L 以上，pH 中性。孵化期间，为了防止水质恶化、胚胎发育缺氧而死亡，须向池中加新水，以保持水质清新，溶解氧充足，水流量应控制在微流水状态。要注意以下事项：

（1）拣出未受精卵，未受精卵会腐败，容易使水质恶化，可以用吸管将其吸除掉。一般来说，未受精卵约经 12 h 后就变成白色，很易识别。当仔苗全部出膜后，应迅速把死卵捞出，以免死卵腐烂后造成水质恶化而殃及鱼苗。

（2）孵化期间要防止缺氧和敌害生物，可以在孵化设施上覆盖尼龙网片，以防止敌害生物的侵入。若静水孵化则要注意充氧。

（3）孵化期间水温温差不能过大。孵化用水的水温变化要控制在 ±1 ℃内。

（4）每 2 h 要监测水质，当水质变化大时应采取措施或适当换水。

黑斑原鮡孵化的适宜水温为 13～14 ℃。水温在 13～14 ℃时，胚胎发育所需积温范围为 2 592～2 916 ℃·h。刚孵出的鱼苗不能自由活动，其吸附在网片及池壁上或者随着水漂流。鱼苗孵出后应继续在原池内用缓流水暂养，刚孵化出来的鱼苗靠吸收卵黄的营养维持生命。

第三节　黑斑原鮡的胚胎发育

孵化水源为曝气后的地下水，微流水环境，水体溶氧量 6.0～7.2 mg/L，水温 13.1～15.0 ℃。受精卵经过 216～228 h 完成整个胚胎发育，进入胚后发育。其时序与众多硬骨鱼相同，分为 8 个阶段，即受精卵、胚盘形成、卵裂、囊胚、原肠、神经胚、器官分化及孵出阶段。

一、受精卵阶段

黑斑原鮡成熟卵呈圆形，卵径介于 3.10～3.60 mm，几乎为淡黄色，偶见金黄色，沉性卵，卵质均匀分布。成熟卵遇水后迅速吸水膨胀，卵周隙扩大，在包裹卵质的卵黄膜外面形成第二层卵膜。受精卵吸水膨胀后卵径介于 4.80～5.60 mm；其中，内层卵膜厚 0.10～0.17 mm，外层卵膜厚 0.80～1.10 mm。内层卵膜比较薄；而外层卵膜比较厚，呈透明胶质状，富有弹性和较强黏性，极易吸附水体中的细小颗粒。观察发现，不管成熟卵受精与否，遇水后均形成外层卵膜（图 3-1，彩图 16、彩图 17 之 1-1 与 1-2）。

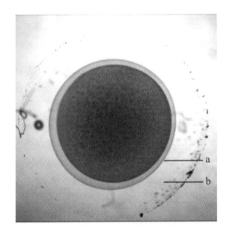

图 3-1　受精卵的双层卵膜

a. 内层卵膜　b. 外层卵膜

二、胚盘形成阶段

细胞质逐渐向动物极集聚，隆起形成胚胎发育的中心—胚盘，胚盘呈圆形，颜色较深（彩图 17 之 2-1 与 2-2）。

三、卵裂阶段

胚盘开始分裂，细胞数目从 2 细胞逐渐翻倍增多，直至无法清晰计数；随着卵裂次数的增加，分裂出的细胞体积逐渐变小，细胞间界限较为明显，细胞层增厚隆起（彩图 17 之 3 至 9）。

四、囊胚阶段

细胞不断分裂，细胞间界限变得模糊，细胞层隆起达最高时，标志着胚胎发育进入囊胚早期。随后，胚盘细胞沿卵黄朝植物极方向逐渐下包，细胞层覆盖卵黄的面积逐渐增大，细胞层逐渐变薄（彩图 17 之 10 至 12）。

五、原肠阶段

当胚盘细胞下包至胚体约 1/3 处时，胚胎发育进入了原肠阶段。胚盘下周边缘的胚盘细胞逐渐集中增厚，内卷形成胚环，后端形成三角状加厚隆起的胚盾。胚层继续下包达卵黄 2/3～3/4，形成倒梨形的"卵黄栓"，胚盾前端略微膨大。在原肠晚期即将进入神经胚前，可见外层卵膜开始消融（彩图 17 之 13 至 15‑2）。

六、神经胚阶段

进入神经胚发育阶段后，外层卵膜完全消失，胚盘细胞继续向下延伸，未被细胞层包裹的部分越来越小，肌节和眼囊先后出现，且越来越明显（彩图 17 之 16‑1 与 16‑2）。

七、早期器官形成阶段

胚孔封闭后胚胎进入早期器官形成阶段，耳囊、心脏原基、消化道、耳石和眼晶体等先后出现。尾芽开始游离，不断延伸；心脏开始跳动，出现红细胞，胚体活动从肌肉轻微颤动变为扭动、翻转，且频率逐渐加快（彩图 17 之 17 至 27）。

八、出膜阶段

随着胚体的继续发育，在 216 h 进入出膜阶段。在胚体的不断运动及孵化酶的共同作用下，胚体的尾部最先破膜而出，尾部不停摆动，胚体落入平列槽底，在经过筛网时绝大部分胚体完全脱出卵膜。刚出膜的仔鱼通体淡黄色，侧躺于平列槽底部，尾部不停摆动，卵黄囊较大、近圆形。整个出膜阶段持续 12 h 左右，绝大部分胚体完成脱膜（彩图 17 之 28）。

根据发育形态特征的变化又划分为 28 个时期，详见表 3‑1。

表 3‑1　西藏黑斑原鮡胚胎发育时序及主要特征（水温 13.1～15.0 ℃）

序号	发育时期	距受精时间（h：min）	主要特征	彩图 17 之分图
1	受精卵	0：0	圆形的沉性卵，几乎都为淡黄色，卵质分布均匀；受精卵吸水膨胀后形成双层卵膜，外层卵膜黏性较强	1‑1、1‑2
2	胚盘期	3：20	原生质开始向动物极集中，逐渐隆起如帽状，胚盘形成	2‑1、2‑2
3	2 细胞期	5：20	分裂形成两个大小相等的细胞，细胞间界限明显	3
4	4 细胞期	6：20	分裂形成 2×2 排布、大小相等的 4 个细胞	4
5	8 细胞期	7：45	分裂形成 2×4 排布、大小相近、形状相似的 8 个细胞，两侧 4 个细胞稍小	5
6	16 细胞期	9：25	分裂形成 4×4 排布、大小相近、形状相似的 16 个细胞	6
7	32 细胞期	10：25	分裂形成 4×8 排布、大小相近、形状相似的 32 个细胞	7
8	64 细胞期	11：30	分裂的细胞大小不一且开始重叠并逐渐形成两层分布	8
9	多细胞期	13：00	分裂的细胞大小、形态出现明显差异，越来越小且越来越多，重叠形成多细胞胚体	9
10	囊胚早期	18：00	分裂的细胞数目不断增多，细胞界限逐渐模糊，细胞重叠隆起如帽状，高举在卵黄上，且与卵黄界限明显	10

（续）

序号	发育时期	距受精时间 （h:min）	主要特征	彩图 17 之分图
11	囊胚中期	24:20	胚盘细胞的高度逐渐下降，沿卵膜向下扩展并慢慢变薄，其与卵黄间的界限依旧明显	11
12	囊胚晚期	29:20	胚盘细胞沿卵黄下包的面积逐渐变大，细胞层越来越薄，像平铺在卵黄上，胚胎整体近似圆形	12
13	原肠早期	48:20	胚盘细胞继续沿卵黄向下扩展，下包达卵黄约 1/3 处，细胞层厚度均一，边缘内卷不明显	13
14	原肠中期	58:20	胚盘细胞下包达卵黄约 1/2 处，细胞层下缘周边细胞集中增厚并内卷，形成胚环；细胞层后端由于胚盘细胞的集中和内卷，逐渐出现呈三角状并加厚隆起的胚盾	14-1、14-2
15	原肠晚期	68:30	胚盘细胞下包达卵黄 2/3~3/4 处；胚盾向动物极发展，胚环向下收缩，仅有少部分卵黄未被包入，形如倒放的梨形，胚盾逐渐变厚变大	15-1、15-2
16	神经胚期	71:25	胚盘细胞继续下包，卵黄栓逐渐变小，神经外胚层增厚形成神经板	16-1、16-2
17	肌节出现期	80:20	胚体背部中央位置出现 2~4 对肌节，头部开始膨大，出现脑泡原基	17
18	眼囊出现期	84:30	在胚体前端两侧逐渐形成对称的囊状窝，形如小梭	18
19	胚孔封闭期	88:20	胚盘细胞下包完成，胚孔关闭；胚体长度超过卵周 1/2	19-1、19-2
20	尾芽出现	103:30	胚体后端突出呈圆弧状，并逐渐游离于卵黄，尾芽形成；部分胚胎后端卵黄部略微向内收缩	20
21	耳囊出现期	106:30	胚体继续伸长，在胚体前端约 1/4 处，两侧对称出现椭圆形囊状窝	21
22	肌肉效应期	119:25	胚体背部抽动带动尾部小幅扭动，频率较低；胚体继续延长，肌节增多	22
23	心脏原基出现期	127:20	由于卵黄吸收，在胚体前端与卵黄之间出现了透明的围心腔，围心腔逐渐扩大，内部出现管状突起，心脏原基出现	23
24	心搏期	134:20	心脏开始轻微、缓慢但有节律地跳动，随着发育时间的增加，心脏收缩力度逐渐增大，跳动频率逐渐加快；此时，在 0.9% 的 NaCl 溶液中把卵膜剥开，观察胚胎可以发现消化道直通游离部分胚体的中部，抵达部位略微凹陷	24-1、24-2
25	耳石出现期	146:00	每侧耳囊中隐约可见两个黑点，耳石出现	25
26	眼晶体出现期	150:50	眼囊中出现圆形、透明的晶状体；胚体不停扭动、翻转；剥卵膜进行观察，可见胚体尾部透明鳍褶面积增大，血红细胞出现	26-1、26-2

（续）

序号	发育时期	距受精时间（h:min）	主要特征	彩图 17 之分图
27	胸鳍原基出现期	174:30	在耳囊后下方对称出现一对月牙形突起，胸鳍原基出现	27
28	出膜期	215:30	胚体尾部率先破膜而出，经过特制的孵化专用筛网后头部脱离卵膜，仔鱼侧躺于平列槽底；此时期持续约 12 h 左右，绝大部分胚体都完成了脱膜	28

九、胚胎发育的有效积温

整个胚胎发育期间平均水温约为 13.8 ℃，有效积温为 2 963.2～3 132.4 ℃·h（表 3-2）。

表 3-2　黑斑原鮡的胚胎发育各阶段的有效积温

发育期	所经历时间（h:min）	平均温度（℃）	有效积温（℃·h）
受精卵	3:20	13.5	45.0
胚盘形成阶段	2:00	13.5	27.0
卵裂阶段	12:40	13.5	171.0
囊胚阶段	30:20	13.6	412.5
原肠阶段	23:05	13.6	313.9
神经胚阶段	16:30	13.7	226.1
早期器官形成阶段	127:10	13.9	1 767.7
出膜期	12:00	14.1	169.2
总计	227:30	—	2 963.2～3 132.4

第四章

黑斑原鮡鱼苗培育技术

第一节　黑斑原鮡最佳开口饵料选择

一、材料与方法

(一) 材料

2019 年 5 月 13—30 日收集黑斑原鮡亲鱼，在西藏拉萨雅鲁藏布江鱼类资源繁育基地繁殖子一代。当黑斑原鮡水花出膜后 15 d，鱼苗能够保持平游，来自同一批亲鱼催产繁殖仔鱼，选择鱼体健康、性情活泼、大小均一、规格整齐的仔鱼作为试验对象。体重范围为 0.019 8～0.021 1 g，平均体重为 (0.020 6±0.004) g；全长范围 13.09～13.29 mm，平均体全长为 (13.19±0.05) mm。

(二) 试验设计

在平列槽中开展相关试验，每个平列槽采用各网一分为三，确保环境一致，共设置 11 个处理，每个处理 3 个平行，每个平行仔鱼 300 尾，共计 9 900 尾。每个处理分别投喂微粒子饲料、摇蚊幼虫、猪肝、微粒子饲料＋螺旋藻、摇蚊幼虫＋螺旋藻、猪肝＋螺旋藻、微粒子饲料＋螺旋藻＋摇蚊幼虫、微粒子饲料＋螺旋藻＋猪肝、微粒子饲料＋螺旋藻＋轮虫、微粒子饲料＋苍蝇幼虫和人工配合饲料，依次编号Ⅰ组、Ⅱ组、Ⅲ组、Ⅳ组、Ⅴ组、Ⅵ组、Ⅶ组、Ⅷ组、Ⅸ、Ⅹ组和Ⅺ组，如图 4-1、彩图 18 所示。

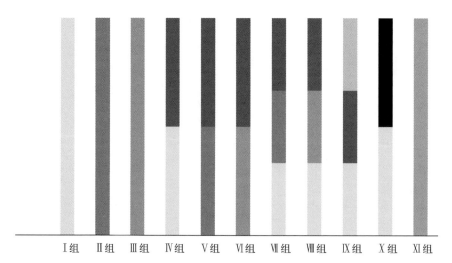

图 4-1　不同开口饵料及其组合

（三）试验管理

保持水温 12～13 ℃，溶解氧 6 mg/L，每天投喂 1 次，时间为下午 5：50 至 6：00，投喂时关闭进水阀门，每个平列槽用遮光板遮盖，次日上午 7：00 进行清污。每周使用 1% 盐水浸泡平列槽 10 min。

（四）试验方法

每天统计死亡仔鱼尾数。每 7 d 测定 1 次生长（每个平行随机选取 10 尾仔鱼），整个试验持续 6 周共 42 d。数据采用 SPSS17.01 软件进行统计分析，差异显著性测验采用单因素方差分析（One-way ANOVA）和 Duncan 多重比较。

二、结果与分析

（一）不同开口饵料对黑斑原鮡仔鱼死亡率的影响

由表 4-1 可知，养殖 7 d，Ⅱ组死亡率最低，显著低于Ⅵ组（$P<0.05$），与其他各组差异不显著（$P>0.05$）；养殖 14 d，死亡率Ⅸ组最高，显著高于Ⅱ组、Ⅲ组、Ⅳ组、Ⅴ组、Ⅶ组和Ⅺ组（$P<0.05$），与其他各组差异不显著（$P>0.05$）；养殖 21 d，Ⅹ组死亡率最高，与Ⅰ组、Ⅲ组、Ⅵ组、Ⅷ组、Ⅸ组、Ⅺ组差异不显著（$P>0.05$），显著高于其他各组（$P<0.05$）；养殖 28 d，Ⅵ组死亡率最高，与Ⅷ差异不显著（$P>0.05$），显著高于其他各组（$P<0.05$）；养殖 35 d，Ⅷ组死亡率最高，显著高于其他各组（$P<0.05$）；养殖 42 d，Ⅱ组死亡率最低，与Ⅴ组差异不显著（$P>0.05$），但显著低于其他各组（$P<0.05$），Ⅵ组死亡率最高，显著高于其他各组（$P<0.05$）。

表 4-1　不同开口饵料对黑斑原鮡仔鱼死亡率的影响（%）

处　理	7 d	14 d	21 d	28 d	35 d	42 d
Ⅰ组	2.33±0.72[ab]	3.67±0.98[ab]	5.00±1.41[ab]	5.56±1.34[ab]	7.44±0.31[ab]	8.44±0.57[abc]
Ⅱ组	1.56±0.16[a]	2.67±0.72[a]	3.44±0.96[a]	3.56±1.1[a]	3.67±0.98[a]	3.78±0.96[a]
Ⅲ组	1.78±0.57[ab]	2.67±0.47[a]	4.67±0.47[ab]	5.67±0.47[ab]	13.11±3.98[c]	47.67±2.94[f]
Ⅳ组	2±0.27[ab]	3±0.98[a]	3.56±0.79[a]	4.11±0.87[a]	5.11±1.23[a]	5.89±1.66[ab]
Ⅴ组	2±0[ab]	3.11±0.42[a]	3.67±0.72[a]	3.78±0.83[a]	4.44±0.68[a]	5.22±1.75[a]
Ⅵ组	2.56±0.16[b]	3.67±0.98[ab]	7.44±2.83[b]	15.33±4.28[d]	28±4.64[e]	57.44±5.11[g]
Ⅶ组	2.11±0.16[ab]	2.67±0[a]	3.56±0.42[a]	5.11±0.68[ab]	6.44±0.57[ab]	9.33±2.23[abc]
Ⅷ组	2.11±0.16[ab]	5±0.54[b]	6.33±0.72[ab]	12.22±1.13[cd]	20.89±1.29[d]	31.33±2.49[e]
Ⅸ组	2±0.27[ab]	3.33±0.54[ab]	5.11±0.96[ab]	8.44±2.28[bc]	11.22±2.62[bc]	12.22±2.62[cd]
Ⅹ组	2.11±0.31[ab]	4.56±1.37[ab]	6.89±1.34[b]	8.67±1.78[bc]	10.44±1.67[bc]	10.89±1.4[bcd]
Ⅺ组	1.67±0.54[ab]	2.67±0.98[a]	4.67±0.72[ab]	7.22±0.68[ab]	10.56±0.42[b]	14.89±1.91[d]

注：同行中标有不同小写字母者表示组间差异显著（$P<0.05$），标有相同小写字母者表示组间差异不显著（$P>0.05$）。

（二）不同开口饵料对黑斑原鮡体重的影响

由图4-2、彩图19可知，开口7 d、14 d和21 d，体重各处理组均呈现递增趋势；开口7 d和14 d时Ⅹ组体重生长最快，21 d时Ⅴ组体重生长最快；开口28 d、35 d和42 d时，Ⅲ组、Ⅵ组和Ⅸ组开始呈现负增长，其他各组均是正增长；28 d、35 d时Ⅱ组体重增长最快；42 d时Ⅶ组体重增长最快。

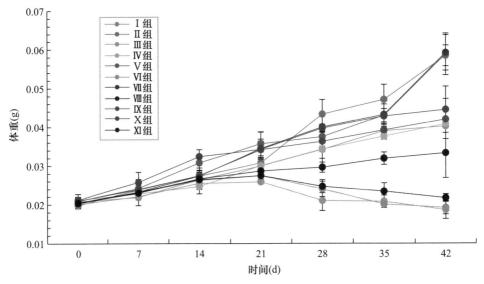

图4-2　不同开口饵料对黑斑原鮡仔鱼体重生长情况

（三）不同开口饵料对黑斑原鮡体全长的影响

由图4-3、彩图20可知，开口7 d、14 d和21 d，黑斑原鮡仔鱼全长生长各处理组均

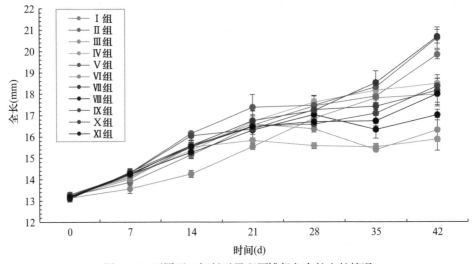

图4-3　不同开口饵料对黑斑原鮡仔鱼全长生长情况

呈现递增趋势；21 d时Ⅴ组生长最快，Ⅰ组生长最慢；开口 28 d，Ⅲ组和Ⅵ组开始呈现负增长，其他各组均是正增长，Ⅳ组体全长增长最快；开口 35 d，Ⅲ组、Ⅵ组和Ⅷ组均呈负增长，其他各组是正增长，Ⅶ组增长最快；开口 42 d，Ⅴ组和Ⅶ组生长最快，Ⅲ组生长最慢。

三、结果

死亡率比较：Ⅱ组＜Ⅴ组＜Ⅳ组＜Ⅰ组＜Ⅶ组＜Ⅹ组＜Ⅸ组＜Ⅺ组＜Ⅷ组＜Ⅲ组＜Ⅵ组，即摇蚊幼虫＜（摇蚊幼虫＋螺旋藻）＜（微粒子饲料＋螺旋藻）＜微粒子饲料＜（微粒子饲料＋螺旋藻＋摇蚊幼虫）＜（微粒子饲料＋苍蝇幼虫）＜（微粒子饲料＋螺旋藻＋轮虫）＜人工配合饲料＜（微粒子饲料＋螺旋藻＋猪肝）＜猪肝＜（猪肝＋螺旋藻）。

体全长生长比较：Ⅲ组＜Ⅵ组＜Ⅷ组＜Ⅰ组＜Ⅺ组＜Ⅹ组＜Ⅸ组＜Ⅳ组＜Ⅱ组＜Ⅴ组＜Ⅶ组，即猪肝＜（猪肝＋螺旋藻）＜（微粒子＋螺旋藻＋猪肝）＜微粒子饲料＜人工配合饲料＜（微粒子＋苍蝇幼虫）＜（微粒子＋螺旋藻＋轮虫）＜（饲料＋螺旋藻）＜摇蚊幼虫＜（摇蚊幼虫＋螺旋藻）＜（微粒子＋螺旋藻＋摇蚊幼虫）。

体重生长比较：Ⅲ组＜Ⅵ组＜Ⅷ组＜Ⅺ组＜Ⅰ组＜Ⅳ组＜Ⅸ组＜Ⅹ组＜Ⅱ组＜Ⅴ组＜Ⅶ组，即猪肝＜（猪肝＋螺旋藻）＜（微粒子＋螺旋藻＋猪肝）＜人工配合饲料＜微粒子饲料＜（饲料＋螺旋藻）＜（微粒子＋螺旋藻＋轮虫）＜（饲料＋苍蝇幼虫）＜摇蚊幼虫＜（摇蚊幼虫＋螺旋藻）＜（微粒子＋螺旋藻＋摇蚊幼虫）。

结合死亡率综合考虑，建议黑斑原鮡仔鱼选择摇蚊幼虫＋螺旋藻或微粒子＋螺旋藻＋摇蚊幼虫开口效果较好。

第二节 黑斑原鮡最适生长温度及温度阈值

一、黑斑原鮡鱼苗生存温度阈值

（一）材料与方法

随机选取黑斑原鮡鱼苗 450 尾作为试验对象。分别放入 1～4 号共 4 个室内全自动控温水族箱（水族箱中水温与原饲养水温相近，约 12 ℃），每个水族箱用亚克力隔板平均分成 3 格，1 号水族箱每格 60 尾，2～4 号水族箱每格 30 尾。

在预试验中，水温在 20 ℃及以下时，黑斑原鮡苗种未出现大量死亡，所以本试验设计为：鱼苗放入水族箱后，逐渐调高水温，每小时上调 1 ℃，直到 4 个水族箱的水温分别达到 22 ℃、24 ℃、26 ℃、28 ℃。连续观察并记录鱼苗死亡情况。

（二）试验结果

温度达到 22 ℃以上时，黑斑原鲱鱼苗死亡速度随温度升高而明显加快；水温达到 28 ℃时，鱼苗死亡速度剧增，在 13.7 h 内即达到了 50% 的死亡率（表 4-2）。

表 4-2　各试验温度下黑斑原鲱鱼苗死亡比例对应时间（h）

组　别		死亡比例（%）				
		10	20	30	40	50
22 ℃	1	29	43	57.8	66.8	—
	2	31.3	48.3	60.5	66.8	—
	3	37.5	48.3	61.5	—	—
	总体	36	48	61.5	68.3	—
24 ℃	1	36	41	48	68.3	71.2
	2	25.4	48	50.8	61.5	—
	3	39.2	48	—	—	—
	总体	39.2	48	61.5	68.3	—
26 ℃	1	17.3	31.3	36	38.5	—
	2	25.4	33.5	36	45.5	48
	3	31.3	33.5	45.5	52	—
	总体	28	33.5	36	48	55.3
28 ℃	1	9	9.8	11	13.2	—
	2	7.5	9	9.8	13.2	13.2
	3	9	11	13.2	13.2	—
	总体	9	9.8	11.3	13.2	13.7

（三）结论

人工繁殖的黑斑原鲱鱼苗生存温度应低于 22 ℃；短期致死温度为 28 ℃。

二、黑斑原鲱成鱼生存温度阈值

（一）材料与方法

随机选取黑斑原鲱成鱼 240 尾作为试验对象。分别放入 1~8 号共 8 个室内全自动控温水族箱（水族箱中水温与原饲养水温相近，约 12 ℃），每个水族箱用亚克力隔板平均分成 3 格，每格 10 尾。

试验鱼放入水族箱后，每小时上调或下调 1 ℃，直到水温分别调节至预定温度：4 ℃、12 ℃、14 ℃、16 ℃、18 ℃、20 ℃、22 ℃、24 ℃。连续观察并记录水体溶解氧、试验鱼呼吸频率和死亡情况。

（二）试验结果

如表 4 - 3 所示，随着水温的升高，水体溶解氧呈显著下降趋势，而黑斑原鮡成鱼的呼吸频率则呈显著升高趋势。

表 4 - 3　不同试验温度下水体溶解氧和成年野生黑斑原鮡呼吸频率

测量次数	4 ℃		12 ℃		24 ℃	
	溶解氧（mg/L）	呼吸频率（次/min）	溶解氧（mg/L）	呼吸频率（次/min）	溶解氧（mg/L）	呼吸频率（次/min）
第一次	7.65	53	6.62	93	4.53	210
第二次	7.8	52	6.32	84	4.66	208
第三次	6.9	51	6.62	90	4.85	198
平均	7.45	52	6.52	89	4.68	205

本试验中，20 ℃以下的试验组没有试验鱼死亡现象；22 ℃组由于水族箱控温系统故障，未能进行到底；24 ℃组黑斑原鮡死亡情况如表 4 - 4。

表 4 - 4　试验温度 24 ℃时成年野生黑斑原鮡死亡情况

试验时间（h）	每格死亡数量		
	格 1	格 2	格 3
4.1	5	—	—
4.6	1	—	—
6.6	1	1	—
9.4	—	—	1
9.6	—	1	—
11.1	—	—	1
12.0	—	—	2
14.4	—	—	1
15.6	—	1	—
合计	7	3	5
总计		15	

可见，水温 24 ℃的条件下，黑斑原鮡成鱼从 4 h 即开始陆续死亡，16 h 之内即达到 50% 的死亡率。

（三）结论

野生成年黑斑原鮡短时间内能够承受的温度上限不高于 24 ℃。

三、水温及环境对黑斑原鲱生长的影响

(一) 材料与方法

试验鱼养殖：试验在室内水族箱中进行，试验水族箱为全自动温控水族箱，使用前用计量温度计进行温度校正，试验用水为经充分曝气的自来水。

试验分组：设立 4 个试验组，每组设 3 个平行，设定水温分别为 9 ℃、12 ℃、15 ℃和 18 ℃，每 7 d 每个试验组进行一次水质检测，检测指标主要为 pH、溶解氧、氨氮和亚硝酸盐。每天更换约 1/10 的养殖用水，在保证水质合格的前提下避免温度发生急剧的变化。

饲料：试验鱼暂养及试验 14 d 前投喂山东升索开口料与水蚯蚓混合饲料，每天投喂 3 次，实行饱食投喂法，每天吸去残饵及粪便。

试验方法：每隔 7 d 随机取各组试验鱼 10～15 尾，测量其体重体长，每天记录鱼摄食及死亡情况。

体长与体重的关系 $W=aL^b$；绝对增长量 L_2-L_1 和 W_2-W_1；相对增长率 $\eta=(L_2-L_1)/L_1\times100\%$ 和 $(W_2-W_1)/W_1\times100\%$；生长常数 $P=(\ln L_2-\ln L_1)\times(t_2+t_1)/2$ 和 $(\ln W_2-\ln W_1)\times(t_2+t_1)/2$；生长指标 $R=(\ln L_2-\ln L_1)\times L_1$ 和 $(\ln W_2-\ln W_1)\times W_1$；特定生长率 $SGR=(\ln L_2-\ln L_1)/(t_2-t_1)\times100\%$ 和 $(\ln W_2-\ln W_1)/(t_2-t_1)\times100\%$；变异系数 $CV=100\%\times SD/X$；肥满度 $CF=W/L^3\times100\%$。式中，L 为体长 (cm)，W 为体重 (kg)；L_1、L_2 和 W_1、W_2 分别为时间 t_1、t_2 时的体长 (cm) 和体重 (kg)；SD 为标准差，X 为平均体重 (kg)；a 和 b 为常数项。

(二) 温度对黑斑原鲱仔稚鱼存活的影响

本试验从黑斑原鲱出膜 30 d 开始，历时 35 d。试验过程中 18 ℃组试验鱼的存活期仅为 2 周。试验过程中，该组试验鱼摄食频繁、摄食量大，日死亡率高。此外，15 ℃组试验鱼的存活期较短，试验鱼 5 周内全部死亡；9 ℃和 12 ℃温度组 4 周的存活率均达 50%以上，其中 9 ℃组 7 周存活率仍可达 50%；本试验中，各温度组试验鱼的存活率差异显著，黑斑原鲱仔稚鱼的适合存活温度为 9～12 ℃ (表 4 - 5)。

表 4 - 5　温度对黑斑原鲱仔稚鱼存活率的影响 (%)

时间 (d)	9 ℃	12 ℃	15 ℃	18 ℃
7	100	100	100	100
14	100	87.65	78.4	48.48
28	73.94	58.04	22.3	/
35	59.11	31.25	/	/
49	52.88	8.33	/	/

（三）温度对黑斑原鮡仔稚鱼生长的影响

如表4-6所示，不同养殖温度下黑斑原鮡幼鱼的体重随养殖温度和养殖时间的增加而升高。其中，15℃组的体重生长最快，显著高于9℃、12℃和18℃组（P＜0.05），但其与18℃组的存活期较短。

表4-6 不同养殖温度下黑斑原鮡仔稚鱼体重变化（g）

时间（d）	9℃	12℃	15℃	18℃
30	0.041±0.005	0.045±0.005	0.043±0.005	0.042±0.005
37	0.051±0.006	0.078±0.005	0.124±0.005	0.077±0.006
44	0.094±0.005	0.089±0.006	0.131±0.004	0.177±0.005
51	0.119±0.005	0.129±0.005	0.231±0.005	—
58	0.127±0.004	0.155±0.006	0.323±0.006	—
65	0.091±0.005	0.174±0.005		

如表4-7所示，不同养殖温度下黑斑原鮡幼鱼的体长随养殖温度和养殖时间的增加而增长。其中，15℃组的体长生长最快，显著高于9℃、12℃和18℃组（P＜0.05），但其与18℃组的存活期较短。12℃组试验鱼的体长生长快于9℃组试验鱼同时期的体长生长。

表4-7 不同养殖温度下黑斑原鮡体长变化（cm）

时间（d）	9℃	12℃	15℃	18℃
30	1.40±0.04	1.35±0.06	1.27±0.06	1.42±0.06
37	1.43±0.06	1.47±0.06	1.64±0.05	1.53±0.06
44	1.48±0.05	1.56±0.06	1.75±0.06	2.13±0.15
51	1.56±0.06	1.73±0.05	2.23±0.07	—
58	1.66±0.06	1.80±0.10	3.63±0.16	—
65	1.74±0.05	2.06±0.12	—	

9℃和12℃组试验鱼的生长情况见表4-8。12℃组试验鱼的体长特定生长率呈升高趋势，而体重特定生长率呈下降趋势。9℃组试验鱼的体长特定生长率与体重特定生长率在各养殖期相差不大。12℃组试验鱼的体长相对增长率与特定生长率的变化趋势一致，呈升高趋势。9℃组试验鱼的体长相对增长率各养殖期间变化不大，而体重相对增长率呈升高后降低的趋势。

表 4 - 8　不同养殖温度下黑斑原鮡仔稚鱼的生长情况

养殖温度	相对增长率 η (%)		生长常数 P		生长指标 R		特定生长率 SGR (%)		变异系数 CV (%)	
	体重	体长	体重	体长	体重	体长	体重	体长	体重	体长
	71.08	4.38	0.81	0.06	0.02	0.06	53.70	4.29	108.59	18.74
	14.88	9.79	0.21	0.14	0.01	0.13	13.87	9.34	63.47	17.95
12 ℃	44.67	10.19	0.55	0.15	0.03	0.15	36.93	9.70	55.25	16.35
	20.19	4.05	0.28	0.06	0.02	0.07	18.39	3.97	38.19	14.84
	12.27	14.44	0.17	0.20	0.02	0.24	11.58	13.49	31.78	14.26
	11.92	7.20	0.17	0.10	0.01	0.09	11.26	6.95	74.78	15.03
	84.81	8.96	0.92	0.13	0.01	0.11	61.42	8.58	66.82	14.02
9 ℃	27.32	6.85	0.36	0.10	0.02	0.10	24.15	6.62	36.15	12.87
	6.20	6.41	0.09	0.09	0.01	0.10	6.02	6.21	28.40	12.04
	−27.62	4.82	−0.48	0.07	−0.04	0.08	−32.33	4.71	26.74	11.32

（四）温度对黑斑原鮡仔稚鱼体长与体重生长关系的影响

采用幂函数关系式 $W = a L^b$ 对黑斑原鮡体重（W）和体长（L）的关系进行拟合，b 为生长指数。当 $b = 3$ 时，体重和体长等速生长；$b > 3$，为正异速生长，体重优于体长生长；$b < 3$，为负异速生长，体长优于体重生长。根据 2 000 尾试验鱼体长和体重的实测数据，不同温度下黑斑原鮡仔稚鱼的体重-体长（W - L）拟合方程式详见图 4 - 4 和图 4 - 5。其中 9 ℃ 和 12 ℃ 组的 b 值均显著小于 3，说明体重和体长为负异速增长。

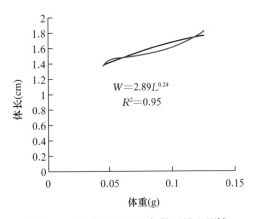

图 4 - 4　养殖温度 9 ℃ 条件下黑斑原鮡
体长与体重的关系

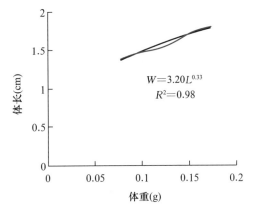

图 4 - 5　养殖温度 12 ℃ 条件下黑斑原鮡
体长与体重的关系

（五）温度对黑斑原鮡仔稚鱼肥满度的影响

如图 4 - 6 所示，9 ℃ 和 12 ℃ 养殖条件下，黑斑原鮡仔稚鱼的肥满度随养殖时间的增加呈下降趋势。其中，9 ℃组的试验鱼肥满度在养殖第 4 周达最大肥满度后下降；而 12 ℃组试验鱼的肥满度低于 9 ℃组，在养殖第 5 周达最大值。

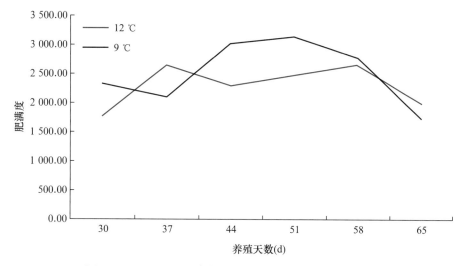

图 4 - 6 9 ℃和 12 ℃条件下黑斑原鮡仔稚鱼的肥满度变化

第五章

黑斑原鮡鱼苗习性及
行为学研究

第一节 光照强度和遮蔽物对黑斑原鮡 幼鱼生长和存活的影响

一、材料与方法

(一)试验材料

试验所用黑斑原鮡幼鱼为 2019 年西藏水产所用西藏昂仁县采捕的野生黑斑原鮡所繁殖的子一代,开口 45 d 左右后,随机选取身体健康的幼鱼进行试验。幼鱼初始体重 (0.042±0.009) g,平均全长 (18.09±1.23) mm。

(二)试验设计

在 2.8 m×0.5 m 的平列槽中进行饲养试验。共设置 5 个光照强度梯度,每个梯度设置有遮蔽物和无遮蔽物 2 个对比,每个对比 3 个重复。因此,选用 5 个平列槽,在每个平列槽中用纱网隔出 6 个 0.4 m 长的分区,每个平列槽的第 2、4、6 个分区中间位置放置两块大小相近的鹅卵石,第 1、3、5 个分区不放置。5 个平列槽的上部一侧放置与 6 个分区等长的近日光型 LED 灯管,外部用铝塑板遮挡,保证所有光照来自 LED 灯。5 个平列槽以中间位置光照强度计分别为 0 lx、50 lx、100 lx、500 lx、1 000 lx,无鹅卵石的分区编号分别为 K1~K5,有鹅卵石的分区编号分别为 S1~S5。

(三)试验管理

养殖用水为曝气后的井水,采用微流水饲养模式,水温稳定在 12.5 ℃左右,溶解氧为 6 mg/L 左右。LED 灯由定时开关控制,每天 7:00 开启、20:00 关闭(尽量接近当时日光周期),除喂食时以外,一直用铝塑板全部遮盖饲养水槽,以防外部光源干扰。试验鱼苗每天 18:00 左右投喂一次足量的冰鲜摇蚊幼虫,粪便和残饵每 10 d 左右清理一次。

(四)数据统计

饲养试验开始前,每个重复随机选取 10 尾幼鱼测量体重、全长;每 10 d 统计一次死亡数量;试验持续 50 d,结束时再次测量幼鱼体重、全长。

二、试验结果与分析

(一)光照强度对黑斑原鮡鱼苗成活率的影响

如表 5-1 和图 5-1、图 5-2 可知,在本试验条件下,有遮蔽物组和无遮蔽物组均呈现鱼苗死亡数量随光照强度增强而先增大后减小的趋势。

表 5-1　不同光照强度黑斑原鮡幼鱼死亡情况

组别	试验时间				
	10 d	20 d	30 d	40 d	50 d
无遮蔽物组					
K1-1	1	1	0	0	0
K1-2	1	2	1	0	2
K1-3	9	2	0	0	0
K2-1	10	6	0	0	0
K2-2	18	9	0	0	1
K2-3	1	6	0	0	2
K3-1	5	5	0	0	0
K3-2	17	8	0	0	0
K3-3	20	8	0	0	0
K4-1	26	4	0	0	0
K4-2	17	10	0	0	0
K4-3	24	9	0	0	0
K5-1	1	1	0	0	0
K5-2	13	3	0	0	0
K5-3	6	6	0	0	0
有遮蔽物组					
S1-1	0	2	1	0	0
S1-2	3	0	0	0	1
S1-3	6	4	0	0	0
S2-1	4	6	0	0	0
S2-2	7	4	0	0	1
S2-3	6	6	0	0	0
S3-1	1	0	0	0	0
S3-2	11	6	0	0	0
S3-3	18	14	0	0	0
S4-1	31	4	0	0	0
S4-2	29	3	0	0	0
S4-3	26	5	0	0	0
S5-1	0	3	0	0	0
S5-2	1	5	0	0	0
S5-3	3	5	1	0	0

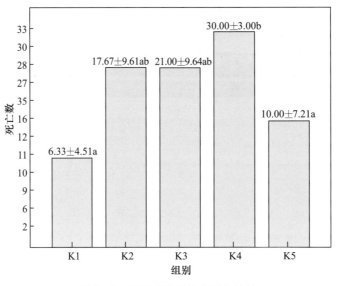

图 5-1 无遮蔽物组幼鱼死亡数量

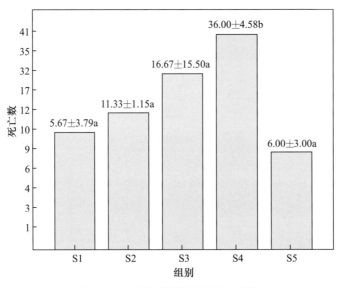

图 5-2 有遮蔽物组幼鱼死亡数量

　　从死亡情况记录中可以看出，试验鱼苗死亡基本集中在饲养试验的前 20 d，此后的 50 d 死亡率极低且无明显趋势。因此，可以猜测出现该情况有两种可能：①光照强度对黑斑原鮡幼鱼成活率有影响，其在完全黑暗和 1 000 lx 以上的光照强度下成活率更高，而光照强度介于二者之间时具有较高的死亡率，但黑斑原鮡幼鱼对各种强度的光照具有一定的适应性；②光照强度对黑斑原鮡幼鱼成活率没有影响，前期出现的较高死亡率是因为捞取幼鱼时造成的机械损伤或者饲养环境突变造成的应激，而有遮蔽物组和无遮蔽物组呈现的趋势相近仅仅是因为相同光照强度下的两种处理在同一平列槽进行，饲养环境具有更高的相似性。

（二）遮蔽物对黑斑原鮡幼鱼成活率的影响

在本试验条件下，由于相同光照强度下有无遮蔽物的处理在同一平列槽进行，无关要素更相似，所以可能具有更高的可比性。

由表5-2可以看出，多数情况下，有遮蔽物组的幼鱼存活率高于无遮蔽物组，但由于同一处理的不同重复间变化较大，因此二者对比均没有显著性差异。

表5-2　有、无遮蔽物时黑斑原鮡幼鱼存活率对比

光照强度（lx）	有无遮蔽物存活率大小关系	差异是否显著
0	有＞无	否
50	有＞无	否
100	有＞无	否
500	有＜无	否
1 000	有＞无	否

（三）光照强度对黑斑原鮡幼鱼生长的影响

图5-3和图5-4分别是无遮蔽物组和有遮蔽物组不同光照强度下黑斑原鮡幼鱼增重量的柱形图。可以看出，无论在有无遮蔽物的情况下，黑斑原鮡幼鱼增重量均呈现与死亡数类似的趋势，即500 lx组（第4组）增重量最大，光照强度低于或高于500 lx时均呈下降趋势，且完全黑暗组的增重量最小。但由于每组的各个重复之间变化较大，所以各组增重量差异性不显著。

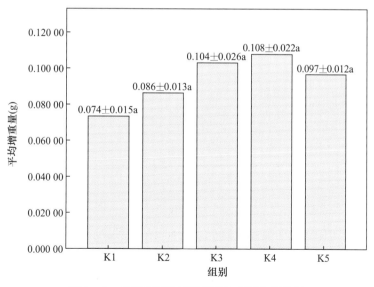

图5-3　无遮蔽物组黑斑原鮡幼鱼平均增重量

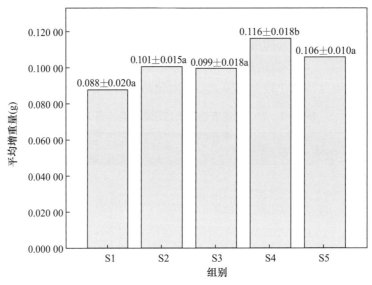

图 5 - 4   有遮蔽物组黑斑原鮡幼鱼平均增重量

(四) 遮蔽物对黑斑原鮡幼鱼生长的影响

从表 5 - 3 可以看出，多数情况下，有遮蔽物组幼鱼的增重量大于无遮蔽物组，但由于同一处理的不同重复间变化较大，因此二者对比均没有显著性差异。

表 5 - 3   有、无遮蔽物组时黑斑原鮡幼鱼增重量对比

光照强度（lx）	有无遮蔽物增重量大小关系	差异是否显著
0	有 > 无	否
50	有 > 无	否
100	有 < 无	否
500	有 > 无	否
1 000	有 > 无	否

三、结论

虽然黑斑原鮡具有比较明显的反趋光行为，但一定强度范围内的光照并不会抑制其生长，可能一定强度的光照（1 000 lx）对其生长更为有利，且黑斑原鮡幼鱼对不同强度的光照均有一定的适应性。由于本试验各组数据差异性不显著，因此需要进一步试验证实。

第二节　投喂频率对黑斑原鮡幼鱼存活和生长的影响

一、材料与方法

(一)试验材料

试验用黑斑原鮡幼鱼为 2019 年西藏自治区农牧科学院水产科学研究所人工繁殖的黑斑原鮡子一代，开口约 15 d 后，随机选取体质健壮的幼鱼进行试验。幼鱼初始体重为 (0.035 ± 0.004) g。

(二)试验设计

饲养试验在 2.8 m×0.5 m 的平列槽中进行。设置 4 个平列槽，编号为Ⅰ、Ⅱ、Ⅲ、Ⅳ，分别对应 4 种不同投喂频率，即Ⅰ号 1 d 投喂 2 次、Ⅱ号 1 d 投喂 1 次、Ⅲ号 2 d 投喂 1 次、Ⅳ号 3 d 投喂一次。每个平列槽用纱网分隔成 3 部分，作为每组的 3 个对照，每个对照 30 尾幼鱼。

(三)试验管理

养殖用水为曝气后的井水，采用微流水饲养模式，水温稳定在 12.5 ℃左右，溶解氧 6 mg/L 左右。平列槽底部放置鹅卵石供试验鱼躲避栖息，上部用铝塑板遮盖以保持黑暗环境。试验鱼用山东省水产研究所研制的微粒子饲料投喂，每次投喂后 1 h 内洗出残饵。每天记录幼鱼死亡数量。

(四)数据统计

饲养试验开始前，每个重复组分别测量试验幼鱼总重，试验持续 60 d，结束时再次测量幼鱼总重。

二、试验结果与分析

(一)投喂频率对黑斑原鮡幼鱼成活率的影响

图 5-5 为不同投喂频率下黑斑原鮡幼鱼成活率的柱形图。可以看出，Ⅰ组和Ⅱ组的成活率最高，分别为 0.86 ± 0.07 和 0.87 ± 0.03，二者数值接近，无显著差异；而从Ⅱ组到Ⅲ组和Ⅳ组，成活率依次显著降低。

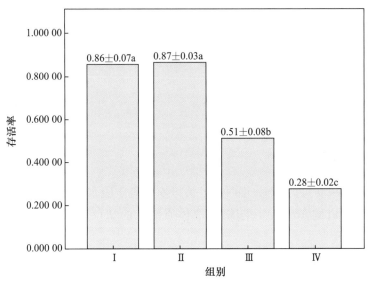

图 5-5　不同投喂频率下黑斑原鮡幼鱼存活率

（二）投喂频率对黑斑原鮡幼鱼生长的影响

图 5-6 是不同投喂频率下黑斑原鮡幼鱼增重量的柱形图。可以看出，黑斑原鮡幼鱼的增重量随着投喂频率的降低而呈减小趋势，其中Ⅳ组（3 d 投喂 1 次）呈负增长，但由于各重复组数据变异性较大，所以前三组差异性不显著。

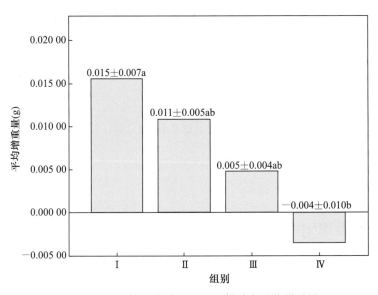

图 5-6　不同投喂频率下黑斑原鮡幼鱼平均增重量

三、结论

黑斑原鮡幼鱼投喂频率在 2 次/d 和 1 次/d 时能保证较高的成活率，低于此投喂频率则成活率明显降低；生长速度在 1 d 投喂 1 次时最快，低于此投喂频率则生长速度减慢。

第三节　黑斑原鮡仔稚鱼行为学研究试验

（一）试验材料

在西藏自治区农牧科学院水产科学研究所雅鲁藏布江鱼类资源繁育基地利用捕自西藏自治区雅鲁藏布江中的野生黑斑原鮡为亲鱼，经暂养后采用人工繁殖技术孵化，来自同一批人工孵化仔鱼，5 月 30 日产卵，6 月 11 日出膜，6 月 29 日开口。

（二）试验方法

以开口后 1～30 d 的仔稚鱼为试验对象。为避免空腹对黑斑原鮡栖息水层分布的影响，本试验采用饱食试验，投喂后 30 min 开始试验，每天随机选择 1 尾鱼进行栖息水层行为观察。从试验装置上方放入受试鱼，适应 10 min 行为稳定后开始记录，连续记录其 10～11 min 所处位置，每隔 10 s 记录一次，共 6 次，取 6 次深度的平均值作为该尾鱼的栖息水层。试验结束后再换另一尾试验鱼，重复上述试验，每日龄共重复 8 次观察试验，并保证同一尾只参与一次试验。统计试验鱼在不同水层高度的平均数作为其对不同水层的选择性的指标。试验结果采用 GraphPad Prism8 做箱型图表示黑斑原鮡仔稚鱼栖息水层的变化趋势。

试验装置为透明有机玻璃圆柱形桶，直径 20 cm，高 200 cm（附刻度）（图 5-7）。试验时水深 195 cm，为避免黑斑原鮡对新环境产生的应激反应影响试验结果，装置内水温、水质与黑斑原鮡养殖系统保持一致。试验用水为养殖系统中的用水，每次试验结束后更换一半的观察装置内水体，用养殖系统内水体补充，以维持试验水体环境与养殖水体环境一致，减少环境变化对试验结果的干扰。

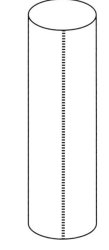

图 5-7　黑斑原鮡栖息
水层试验容器

（三）试验结果

开口 1～2 d 的黑斑原鮡仔稚鱼主要集中在底部以上 0～7 cm 的水层，少数（每天只有一组）在 190～195 cm 的水层。第 3 天的黑斑原鮡仔稚鱼主要集中在底部以上 75～195 cm

的水层都有分布。第 17～20 天的黑斑原鮡仔稚鱼栖息水层深度分布于 100 cm 以下的水层，但主要分布在底部 5 cm 以下的水层。第 22～30 天的黑斑原鮡仔稚鱼栖息水层深度分布趋于两极分化，主要还是集中于底部，少部分集中在水面表层（图 5 - 8）。

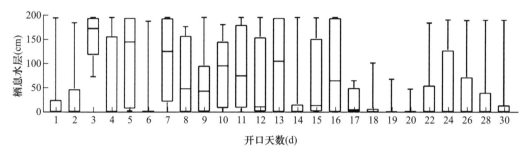

图 5 - 8 不同开口天数黑斑原鮡仔稚鱼的栖息水层

第四节 黑斑原鮡仔稚鱼对缝隙的喜好性研究

一、试验材料

同第三节。

二、试验方法

试验从开口后第 2 天开始第 30 天结束。每日 8:00、12:00 和 16:00（记为日间数据）以及 20:00、24:00、4:00（记为夜间数据，由于拉萨日照长度比较长，20:00 时环境亮度受天气影响变化较大，处理数据时舍弃该时间点的数据）开始试验，试验期间保持自然光照周期。于试验开始时，随机挑选 10 尾健康试验鱼放入试验装置，待试验鱼适应环境 1 h 后观察记录受试鱼分布于 9 mm 缝隙、12 mm 缝隙及非缝隙区域的数量，同时统计栖息于底层缝隙（0～20 cm 水层）和表层缝隙（20～40 cm 水层）受试鱼数量。每次试验结束后把这次用的试验鱼放养到预先准备的平列槽中，这样做可以避免同一尾鱼参与两次试验而影响试验结果的科学性。每个时间点试验重复 3 次，每次重复交换 9 mm 缝隙和 12 mm 缝隙的位置，避免位置影响试验结果的科学性。试验期间使用萤石 CS - C3HW - 3B1WFR 摄像头记录试验鱼分布情况，避免人为干扰影响试验结果。

三、试验结果

（一）不同开口天数仔稚鱼日间和夜间对缝隙喜好性

如图 5 - 9 和图 5 - 10 可知，整个试验期间黑斑原鮡仔稚鱼对缝隙的喜好白天显著高于晚上（$P<0.05$），且整个试验期间晚上（除了开口第 6 天以外）对缝隙无喜好行为（$P>0.05$）。

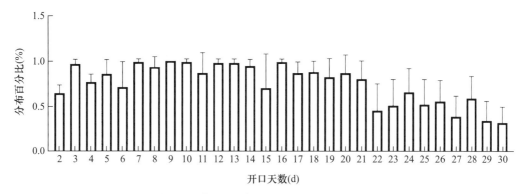

图 5-9　不同开口天数黑斑原鮡仔稚鱼在缝隙中分布百分比（日间）

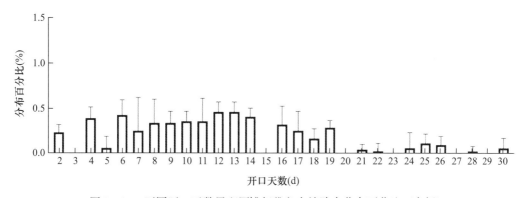

图 5-10　不同开口天数黑斑原鮡仔稚鱼在缝隙中分布百分比（夜间）

（二）不同开口天数仔稚鱼日间对大小不同的两种缝隙喜好性

如图 5-11 和图 5-12 可知，整个试验期间只有第 12、13、15、22、24、25 天黑斑原鮡仔稚鱼表现出对 9 mm 的喜好性（$P<0.05$）；其余 23 d 黑斑原鮡仔稚鱼对 9 mm 和 12 mm 缝隙的喜好无显著差异（$P>0.05$）。

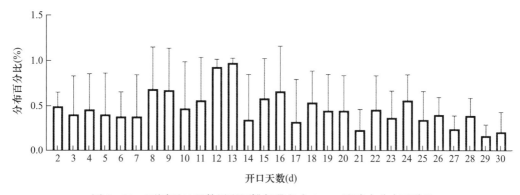

图 5-11　不同开口天数黑斑原鮡仔稚鱼在 9 mm 缝隙中分布百分比

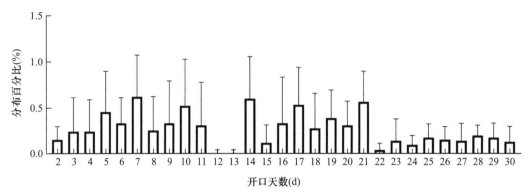

图 5-12　不同开口天数黑斑原鮡仔稚鱼在 12 mm 缝隙中分布百分比

（三）不同开口天数仔稚鱼日间对表层、底层缝隙的喜好性

如图 5-13 和图 5-14 可知，整个试验期间（除了第 2～7、18、27 天）黑斑原鮡仔稚鱼表现出对表层缝隙的喜好性（$P<0.05$）；只有开口第 3 天黑斑原鮡仔稚鱼表现出对底层缝隙的喜好性（$P<0.05$）；开口第 2、4、5、6、7、18、26 天黑斑原鮡仔稚鱼栖息于表层、底层缝隙的百分比无显著差异（$P>0.05$）。

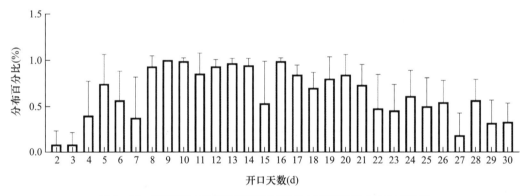

图 5-13　不同开口天数黑斑原鮡仔稚鱼在表层缝隙中分布百分比

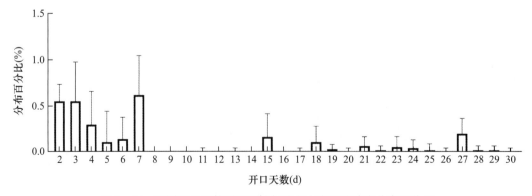

图 5-14　不同开口天数黑斑原鮡仔稚鱼在底层缝隙中分布百分比

第五节　黑斑原鮡仔稚鱼对底质种类的喜好性研究

一、试验材料

同第三节。

二、试验方法

试验从开口后第 13 天开始，持续 10 d 结束。试验时，设置 4 个平行组，每个平行组放入 10 尾仔稚鱼，试验期间使用摄像头记录，通过视频影像记录 24 h，每小时观察记录一次，记录时刻为 7:00、8:00、9:00，依次类推。本试验研究黑斑原鮡对不同介质的选择，只记录在不同底质中分布仔稚鱼的数量。以每天所记录的底质分布百分比平均值表示该日龄黑斑原鮡对底质的喜好性选择。试验期间不更换试验鱼。试验时每天 20:00 投饵一次，每次投喂过量的微颗粒饲料，第二天早上利用虹吸法除去残饵，换水 30%，以保证试验条件环境稳定。整个试验过程中不补充试验鱼。统计试验鱼在不同底质中的数量的平均数作为其对不同底质的选择性指标。用 GraphPad Prism8 做图表示黑斑原鮡仔稚鱼一天中在不同底质上分布情况。

三、试验结果

由图 5 - 15 和图 5 - 16 可知，全天黑斑原鮡仔稚鱼选择石头底质且差异显著（$P <$ 0.05）；白天（7:00—20:00）试验鱼几乎全藏匿于石头底质中，晚上（21:00 至次日 6:00）试验鱼在沙子底质上分布数量才增多。

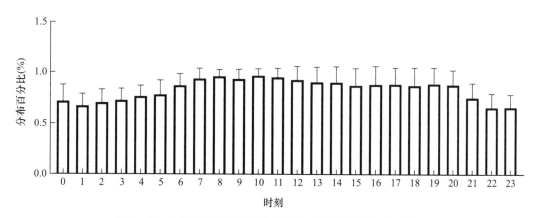

图 5 - 15　不同时刻黑斑原鮡仔稚鱼在石头底质中分布百分比

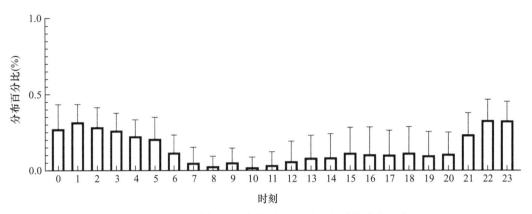

图 5-16　不同时刻黑斑原鲱仔稚鱼在沙子底质中分布百分比

第六节　黑斑原鲱仔稚鱼对底质颜色的喜好性研究

一、试验材料

同第三节。

二、试验方法

试验从开口 1 周后开始，持续 10 d 结束。每天喂食结束后开始试验。每次分别在有光补偿（400±50）lx 和无光补偿（0lx）条件下进行黑斑原鲱仔稚鱼对黑白灰三种不同底质颜色偏好试验。光照强度用水下照度计（型号 ZDS-10W-2D）测量。每个条件进行 3 组平行试验，每个平行组放入 9 条试验鱼。3 个平行组之间黑白灰三种颜色的顺序不同（图 5-17），消除不同

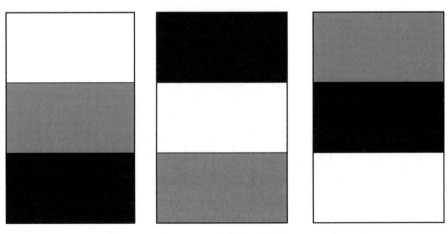

图 5-17　黑斑原鲱仔稚鱼对底质颜色喜好性试验装置配色

位置对试验结果科学性的影响。试验期间使用摄像头记录。通过视频回放，记录试验鱼适应环境后所分布在不同颜色底质的数量。统计试验鱼在不同底质中的数量的平均数作为其对不同底质的选择性指标。

三、试验结果

如表 5-4 所示，在有光补偿条件下黑斑原鮡仔稚鱼对底质颜色无明显的喜好性（$P>0.05$）；在无光补偿条件下黑斑原鮡仔稚鱼对黑色底质的喜好性显著高于白色底质（$P<0.05$）；在无光条件下黑斑原鮡仔稚鱼对黑色与灰色底质、灰色与白色底质喜好性不显著。

表 5-4 黑斑原鮡在不同颜色底质分布百分比（%）

分类	黑色	灰色	白色
有光补偿	41.1 ± 0.04^a	29.5 ± 0.03^a	30.2 ± 0.03^a
无光补偿	46.7 ± 0.04^a	33.8 ± 0.03^{ab}	19.5 ± 0.02^b

第七节　黑斑原鮡仔稚鱼摄食行为和摄食节律研究

一、试验材料

同第三节。

二、试验方法

（一）摄食行为试验

试验从开口后 2 周开始，每 3 d 进行一次试验。试验前令试验鱼饥饿 3 d。试验选用圆形水族缸，水族缸直径为 30 cm，试验水深为 10 cm。投喂饵料选用摇蚊幼虫和微颗粒饲料，分别在饵料少量、适量和过量的情况下进行试验。通过在中央和边缘两个投喂点投放饵料，来观察黑斑原鮡仔稚鱼的摄食行为。试验时，每个水族缸中放入 10 条健康的试验鱼，观察待试验鱼适应环境后投喂饵料，通过摄像头全程记录。通过视频回放观察记录投饵前鱼群的适应时间和集群情况。适应时间为放入的试验鱼 80% 以上的鱼适应（鱼苗不适应环境状态表现为急游不止）。观察记录投饵后的最大响应距离（为黑斑原鮡发现饵料、身体出现向饵料运动趋势的位置至所摄食饵料间的直线距离）、集群情况、摄食水层、摄食积极程度等摄食行为。集群情况用以下数字表示："1"为未集群；"2"为多个小集群

（2～3尾）；"3"为2个大集群（4～5尾）；"4"为一个大集群和几个小集群或一个大集群其他都分散；"5"为一个大集群（7尾以上）。试验结束后，观察记录试验鱼的摄食率和饱食率（仔稚鱼肠道为透明状态，可直接肉眼观察）。饱食状态表现为肠道中饵料充盈。摄食积极程度用以下数字表示："1"为非常积极（投入饵料立马开口摄食，有抢食行为）；"2"为积极（投入饵料逐渐开口摄食）；"3"为不摄食。

（二）摄食节律试验

试验从开口后2周开始。每5 d进行一次试验，试验前将试验鱼做72 h饥饿处理，共设4个试验时间点，每隔6 h试验一次，分别为0:00、6:00、12:00、18:00，每次试验重复3次。具体做法是从鱼苗暂养池中随机取样10尾，放入圆形水族缸中，水族缸直径为30 cm，试验水深为10 cm，待鱼苗适应后，投喂饲料观察摄食情况，记录每次试验的摄食率和饱食率，最终结果取3次试验的平均值。光照为自然光周期。

三、试验结果

（一）摄食行为试验

具体摄食行为见表5-5。

表5-5 黑斑原鮡仔稚鱼摄食行为

投饵情况	投喂前适应时间（s）	投喂前集群情况	最大响应距离（cm）	摄食率（%）	饱食率（%）	摄食时间（min）	投喂后集群情况	摄食积极程度
少量微颗粒饲料中心投喂		2、3	0	0	0	0	5	3
适量微颗粒饲料中心投喂		2、3	0	0	0	0	3	3
过量微颗粒饲料		2、3、5	0.7	93.3±11	90±10	11.7±4	5	1
少量切过的摇蚊幼虫中心投喂	117.5±10	2、3	0	0	0	0	5	3
适量切过的摇蚊幼虫		2、3	8	50±10	46.7±5.8	6.3±1.2	5	2
过量切过的摇蚊幼虫		2、3、4	7	100	100	4.3±0.5	3、5	1
适量微颗粒饲料鱼群处投喂		3、4、5	0.1	100	93.3±11	5.7±0.6	5	1

（二）摄食节律试验

黑斑原鮡仔稚鱼在0:00、12:00、12:00、18:00都开口摄食，摄食率和饱食率差异都不显著（$P > 0.05$）。

第八节　基于转录组分析温度诱导黑斑原鮡选择性剪接的变化

本研究采用转录组测序方法，运用生物信息学挖掘黑斑原鮡在温度胁迫下选择性剪接的变化，从转录后水平探讨黑斑原鮡应对温度胁迫的机制。本研究结果将有助于了解黑斑原鮡肝脏对温度胁迫反应的微进化机制，也为黑斑原鮡的保护提供了有价值的遗传信息（图 5-18）。

图 5-18　黑斑原鮡背部、胸部及栖息地环境
A. 背部　B. 胸部　C. 栖息地环境

一、材料和方法

（一）试验设计和数据来源

试验中，用三层刺网在夜间布网，凌晨收网采捕多雄藏布支流（29°27′58.72″N，86°54′36.06″E）的黑斑原鮡，用鱼罐车运输到西藏自治区农牧科学院水产科学研究所养殖基地水族箱暂养 10 d。箱温度保持在 12 ℃。为了避免性别和年龄对试验结果的影响，挑选体长、体重相近的雌性个体 90 尾，分为 3 组，每组 30 尾。根据黑斑原鮡栖息环境温度的范围，试验温度设置 3 个组：A 组为对照组，水温保持 12 ℃；B 组以 2 ℃/h 从 12 ℃下降到 4 ℃；C 组以 2 ℃/h 上升，达到 24 ℃时，黑斑原鮡表现张口呼吸，鳃盖猛烈震动，

身体颜色变浅，身体出现弓张反应，濒死鱼开始出现。LC 为对照组，LH 为高温组，LL 为低温组。

（二）样本收集和 RNA 提取

选择肝组织作为试验组织。C 组在处理过程中，一旦出现濒死鱼，立即取出肝脏，收取 3 尾鱼的肝脏样本，然后以 2 ℃/h 降温至 12 ℃保持。同时从 A 组和 B 组各收集 3 尾鱼，用 100 mg/L 的 MS－222 麻醉致死后取肝脏样本，样本均置于液氮中。总 RNA 提取使用 TRIzol 试剂（Invitrogen，USA）。采用琼脂糖凝胶电泳和安捷伦 2100 生物分析仪（Agilent Technologies，CA，USA）分别测定 RNA 浓度和 RNA 完整性（RIN）。每个样本 3 μg RNA 用于建库，使用 NEBNext®UltraTMRNA 生成测序文库，使用 TruSeq PE Cluster Kit v3－cBotHS 对样本进行聚类。聚类生成后在 Illumina Hiseq 平台进行测序。测序项目由上海派森诺基因科技有限公司服务，RNA－Seq 结果已上传至 NCBI 数据库（PRJNA634869）。

（三）热应激后选择性剪接分析

使用 rMATS 检测不同样品间的差异剪接基因和样品自身的剪接事件（ASG 为选择性剪接基因，ASE 为选择性剪接事件）。通过 rMATS 统计模型对不同样本进行可变剪接事件的表达定量，然后以 Likelihood－ratio test 计算 P 值来表示两组样品在 Inclusion Level（IncLevel）水平上的差异，并利用 Benjamini Hochberg 算法对 P 值进行校正得 FDR 值。$FDR < 5\%$ 为选择性剪接的标准，rMATS 可识别的可变剪接事件有 5 种，分别是外显子跳跃（Skipped exon，SE）、第一个外显子可变剪接（Alternative 5′ splice site，A5SS）、最后一个外显子可变剪接（Alternative 3′ splice site，A3SS）、外显子选择性跳跃（Mutually exclusive exons，MXE）和内含子保留（Retained intron，RI）。

（四）功能富集分析

根据 GO 注释结果以及官方分类，将差异选择性剪接基因进行功能分类，同时使用 R 软件中的 phyper 函数进行富集分析。

二、结果与分析

（一）温度处理后的选择性剪接分析

RNA－Seq 结果见表 5－6，共获得 395.87×10^6 个 Clean reads，每个样本超过 87.29% 比对到黑斑原鮡基因组和 77.70% 比对到外显子区域。高温组、对照组和低温组选择性剪接事件均只存在 MXE 和 SE 两种，高温和低温处理后选择性剪接事件均显著减少（图 5－19），其中 SE 剪接事件在对照组、高温组和低温组分别为 4 008、3 336 和 3 786 个，MXE 剪接事件在对照组、高温组和低温组分别为 207、188 和 211 个。与控制组相比，高温诱导减少了 16.39％选择性剪接事件和 16.35％选择性剪接基因，低温诱导减少了 5.17％选择性剪接事件和 6.21％的选择性剪接基因。

表 5-6 RNA-Seq 测序结果

样本编号	过滤后的测序原始数据（×10⁶ 个）	比对到基因组的 Clean reads 比例（％）	比对到基因的 Clean reads 比例（％）	比对到基因唯一位置的 Clean reads 比例（％）
LC1	42.05	91.95	82.42	41.87
LC2	46.32	90.45	80.86	34.69
LC3	38.60	88.35	79.24	42.11
LH1	49.49	91.96	82.96	42.76
LH2	44.29	92.93	83.20	41.58
LH3	43.44	90.23	80.81	42.42
LL1	46.24	87.29	77.70	41.22
LL2	39.30	88.82	79.75	41.99
LL3	46.14	90.65	81.11	35.96

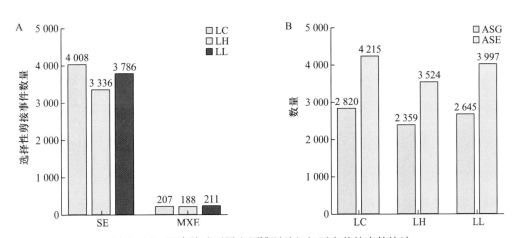

图 5-19 温度胁迫下黑斑原鮡肝脏组织可变剪接事件统计
A. 温度处理下选择性剪接类型　B. 温度处理下选择性剪接基因的数量和选择性剪接事件

（二）差异选择性剪接分析

如表 5-7 和图 5-20 所示，通过不同处理组间两两比较，对照组与高温组间（C vs. H）有 3 425 个差异选择性剪接事件和 2 400 个差异选择性剪接基因，对照组与低温组间（C vs. L）有 3 106 个差异选择性剪接事件和 2 199 个差异选择性剪接基因，低温组与高温组间（L vs. H）有 3 679 个差异选择性剪接事件和 2 530 个差异选择性剪接基因。高温组有 75 个特有基因高表达，低温组有 32 个特有基因高表达。

表 5-7　差异选择性剪接事件

剪接类型	对照组-高温	对照组-低温组	低温组-高温组
外显子跳跃	3 270	2 958	3 510
外显子选择性跳跃	155	148	169
合计	3 425	3 106	3 679

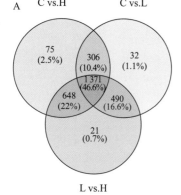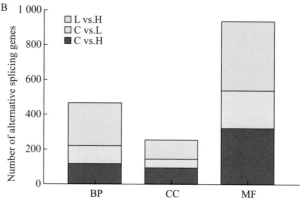

图 5-20　差异选择性剪接基因韦恩图及 GO 富集分析

A. 韦恩图　B. GO 富集分析

（三）功能富集分析

为了进一步了解差异剪接事件和基因的功能，对温度胁迫产生的选择性剪接基因进行了 GO 富集分析。从 C vs. H、C vs. L 和 L vs. H 的 3 个比较组中分别选出 309、187 和 390 个选择性剪接基因（$P<0.01$）进行 GO 富集分析。其中在 C vs. H 组有 190 个基因富集到生物学过程（Biological process，BP），88 个基因富集到细胞组成（Cellular component，CC），318 个基因富集到分子功能（Molecular functions，MF）；在 C vs. L 组，101 个基因富集到生物学过程，50 个基因富集到细胞组成，210 个基因富集到分子功能；在 L vs. H 组，富集到生物学功能、细胞组成和分子功能的基因分别是 250、109 和 406 个。

KEGG 分析表明，83、9 和 88 个通路分别显著富集（$P<0.05$）在 C vs. H 组、C vs. L 组和 L vs. H 组，这些通路中，Protein processing in endoplasmic reticulum 和 Purine metabolism 在三个比较组中共有（图 5-21）。2 个共有通路中共有 7 个基因（表 5-8），其中热休克蛋白 40 同源物亚家族 C 成员 1（*dnajc1*）和次黄嘌呤脱氢酶 1（*impdh1*）基因在 C vs. H 组差异显著（$P<0.05$），内质网内降解蛋白 2（*derl2*）、*dnajc1*、黄嘌呤脱氢酶（*xdh*）和 3′磷酸腺苷 5′磷酰硫酸合成酶 2（*papss2*）在 C vs. L 组差异显著（$P<0.05$），*xdh*、*papss2*、*impdh1*、聚合酶（RNA）Ⅲ（DNA 引导）肽 H（*polr3h*）、*dnajc1*、*derl2* 和热休克蛋白 40 同源物亚家族 C 成员 10（*dnajc10*）在 L vs. H 组差异显著（$P<0.05$）。值得注意的是，*dnajc1* 在 3 个比较组中均差异显著。该基因属 *hsp40* 亚家族成员。

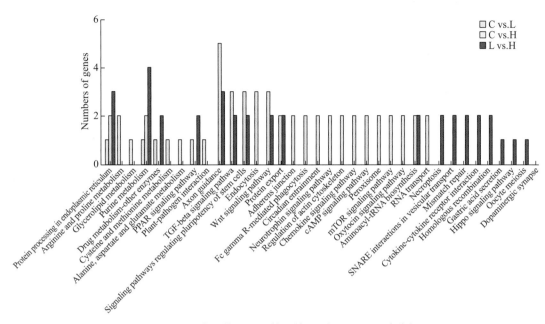

图 5 - 21　3 个比较组基因数目前 20 个 KEGG 通路分析

表 5 - 8　3 个比较组共有通路中基因名称

基因 ID	基因名称	所在通路
evm. TU. chr20. 609	*xdh*	Purine metabolism
evm. TU. chr2. 275	*paps2*	Purine metabolism
evm. TU. chr13. 889	*impdh1*	Purine metabolism
evm. TU. Contig591 _ pilon. 7	*polr3h*	Purine metabolism
evm. TU. chr11. 121 0	*dnajc1*	Protein processing in endoplasmic reticulum
evm. TU. chr22. 254	*derl2*	Protein processing in endoplasmic reticulum
evm. TU. chr9. 110 5	*dnajc10*	Protein processing in endoplasmic reticulum

（四）*dnajc1* 基因生物信息学分析

人 *dnajc1* 基因选择性剪接转录本如图 5 - 22A 所示有 12 种，其中选择性剪接体 a 为基础转录本，含 12 个外显子和 11 个内含子，其他转录本均是由 a 转录本通过外显子跳跃、互斥外显子、选择性 5′剪接位点、选择性 3′剪接位点和内含子保留的方式衍变而来。本研究中，*dnajc1* 基因在对照组和低温组鱼肝脏中均产生 1 个剪接体。该剪接体在 13 号染色体跳过外显子起始和终止位点分别为 11 110 521 和 11 110 612，上游外显子起始和终止位点分别为 11 110 338 和 11 110 429，下游外显子起始和终止位点分别为 11 110 761 和 11 110 922。而高温处理后发现了选择性剪接，除了原有剪接体外另产生了 1 个剪接体。该剪接体在 13 号染色体跳过外显子起始和终止位点分别为 11 109 595 和 11 109 642，上游外显子起始和终止位点分别为 11 109 387 和 11 109 489，下游外显子起始和终止位点分别为 11 109 728 和 11 109 894（表 5 - 9）。生物信息学分析显示，黑斑原鮡肝脏 *dnajcl* 基因选择性剪接转录本如图 5 - 22C 所示，与人 *dnajcl* 基因比较，黑斑原鮡选择性剪接体 a 为基础转录本，与鲇（图 5 - 22B）和人 *dnajcl* 基因一样都有 12 个外显子、11 个内含子，黑斑原鮡肝脏选择性剪接体 b 在本研究的对照组、低温组和高温组出现，而选择性剪接体 e

表 5 - 9　不同温度下 *dnajcl* 基因选择性剪接转录体

处理温度（℃）	基因名	所在染色体	跳过外显子的起始位点	跳过外显子的终止位点	上游外显子的起始位点	上游外显子的起始位点	下游外显子的起始位点	下游外显子的起始位点
4	*dnajcl*	13	11 110 521	11 110 612	11 110 338	11 110 429	11 110 761	11 110 922
12	*dnajcl*	13	11 110 521	11 110 612	11 110 338	11 110 429	11 110 761	11 110 922
24	*dnajcl*	13	11 109 595	11 109 642	11 109 387	11 109 489	11 109 728	11 109 894
24	*dnajcl*	13	11 110 521	11 110 612	11 110 338	11 110 429	11 110 761	11 110 922

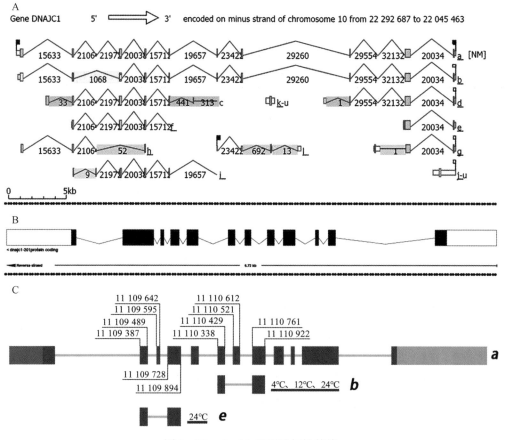

图 5 - 22　*dnajcl* 基因选择性剪接

A. 人 *dnajcl* 基因选择性剪接转录本（图引自 AceView 数据库）　B. 鲇 *dnajcl* 基因选择性剪接转录本（图引自 Ensembl 数据库）　C. 黑斑原鮡肝脏温度应激后产生的选择性剪接转录本

只在高温组出现，也有报道对鲇进行热应激后诱导热休克蛋白基因 *hsf1* 产生了 2 种选择性剪接体，进一步说明 *dnajc1* 基因在黑斑原鮡遭遇温度胁迫后肝脏通过产生选择性剪接体来保护细胞的稳态。

第九节　肝脏转录组分析揭示黑斑原鮡对高温胁迫的反应

本研究旨在全面叙述温度胁迫下的黑斑原鮡肝脏组织转录组表达模式，并找出温度胁迫下的主要差异途径和潜在的调控机制。本研究结果将有助于了解黑斑原鮡肝脏对温度胁迫反应的分子机制，并为黑斑原鮡的保护和合理开发利用提供有价值的遗传信息。

一、材料和方法

（一）动物来源和试验设计

用直径 3 cm 的三层刺网在夜间布网，第二天清晨收网。采集黑斑原鮡，装在充氧鱼缸中运往西藏自治区农牧科学院水产科学研究所。试验前体重（114.72±11.23）g、体长（22.33±0.5）cm，在 12 ℃ 的水族箱中驯化 10 d。根据栖息地水温范围，将黑斑原鮡随机分为 3 组，每组 30 只，即对照组（A 组；12 ℃）、低温组（B 组；4 ℃）和高温组（C 组；24 ℃）。A 组维持水温 12 ℃，B 组在 4 h 内以 2 ℃/h 的速率降至 4 ℃，并维持至试验结束。C 组每小时升高 2 ℃。6 h 后，鱼进入濒死阶段，此时温度为 24 ℃。C 组在濒死后立即取出肝脏组织，直到样本数达到 3 个。当鱼张嘴呼吸时，鳃盖猛烈地拍打，体色变浅，特别是当鱼体出现角弓反张时，其状况被定义为濒死。整个试验持续 6 h，其间每小时测量一次水的含氧量，A、B、C 组的平均含氧量分别为（7.30±0.35）mg/L、（7.47±1.45）mg/L 和（7.05±0.44）mg/L。

（二）样品制备和 RNA 提取

使用 100 mg/L 的 MS‑222 冰上处死鱼，并立即解剖以采集肝脏。肝脏组织样本被切成碎片并储存在 −80 ℃。使用 Trizol 试剂提取总 RNA。通过琼脂糖凝胶电泳检测 RNA 质量，并使用 Agilent 2100 生物分析仪分析 RNA 完整性。

（三）Illumina 文库制备和测序

在本研究中，每个样本使用 3 μg RNA。使用适用于 Illumina®（NEB，美国）的 NEBNext® UltraTM RNA Library Prep Kit 生成 Pairedend（PE）测序文库。添加索引编码作为属性序列。使用 TruSeq PE Cluster Kit v3‑cBotHS（Illumina）在 cBot Cluster

Generation System 上对索引编码样本进行聚类。簇生成后，在 Illumina HiSeq 平台上使用双端测序对文库进行测序。

(四) 序列读取映射和差异表达分析

通过移除接头序列、poly-N 和低质量序列来清理原始双端 reads。使用 FastQC 程序 (http://www.bioinformatics.babraham.ac.uk/projects) 修剪接头序列和低质量序列。使用自定义 Perl 程序删除了短序列 (<50 bp)。使用 Bowtie2 建立参考基因组索引，并使用 Tophat2 程序 (http://www.ensembl.org/，GRCh37) 将每个样本的过滤数据映射到之前黑斑原鮡的参考基因组上。TopHat 校准是在干净读取和参考基因组序列之间的最大错配数设置为 2 的情况下实现的。将结果与参考基因组结构注释信息和作图结果进行比较。使用 HTSeq 程序确定读取计数值，该程序进一步标准化为 FPKM 值（每百万碱基对测序的每千碱基转录序列的预期片段数）。对来自九个肝脏样本（来自三组的三个生物重复）的 FPKM 值进行成对比较，使用 RSEM 软件（版本 1.2.7）计算倍数变化，使用 DESeq R 包 (v1.18.0) 识别差异表达基因 (DEGs)。错误发现率 (FDR) 方法用于确定多个测试中的阈值 P，以确定基因表达差异的显著性。当 FDR 小于 0.05，且样本之间的 FPKM 值存在 2 倍差异时，该基因被认为具有显著差异。

(五) DEGs 的 GO 和 KEGG 富集分析

GOseq R 包和 KOBAS 2.0 软件 (http://kobas.cbi.pku.edu.cn/home.do) 分别用于 DEGs (*FDR*<0.05) 的 GO 和 KEGG 通路的富集分析。

(六) qRT-PCR 验证

使用 qRT-PCR 验证转录组结果的可靠性。使用 TRIzol 试剂提取组织总 RNA，并使用逆转录酶 M-MLV 从 1 μg 总 RNA 合成 cDNA，使用 SYBR Green Master Mix 进行 qRT-PCR。使用 $2^{-\triangle\triangle Ct}$ 方法计算基因 mRNA 相对表达水平 (Livak 和 Schmittgen，2001)。所选基因的所有引物均使用 Primer 5 软件设计，由上海生工生物工程有限公司合成。

二、结果与分析

(一) Illumina HiSeq 测序数据统计分析

为了评估黑斑原鮡肝脏随温度变化的转录组结果，我们构建了九个 Illumina HiSeq 测序文库，并将使用 Illumina HiSeq 测序获得的高质量可用序列映射到黑斑原鮡 (GRCh37) 的参考基因组。经过过滤，每组的高质量可用序列都超过了原始序列的 98%。A 组的平均高质量可用序列数为 4 448 万，B 组为 4 596 万，C 组为 4 811 万。每个个体的转录组高质量可用序列的描述性统计如表 5-10 所示。所有原始数据均提交至 NCBI 数据库（登录号 PRJNA634869）。

表 5 - 10　所有 9 个个体的原始 RNA - seq 数据集的描述性统计数据

Sample	Clean Reads No.	Clean Data (bp)	Clean Reads (%)	Clean Data (%)
A1	44 333 214	6 676 430 154	99.01	98.74
A2	48 597 640	7 314 152 176	99.19	98.86
A3	40 519 004	6 098 569 098	99.2	98.88
B1	48 395 986	7 283 813 248	99.27	98.94
B2	41 304 998	6 217 057 344	99.18	98.86
B3	48 176 060	7 246 925 792	99.31	98.94
C1	51 896 486	7 809 015 828	99.20	98.85
C2	46 793 426	7 049 346 534	99.00	98.77
C3	45 653 028	6 873 423 206	98.18	98.89

(二) 差异表达基因分析

本研究发现 A 组和 B 组 (A vs. B)、A 组和 C 组 (A vs. C) 以及 B 组和 C 组 (B vs. C) 之间分别有 131、1 247 和 2 253 个差异表达基因 [|$\log_2$ (fold change)|>2，$P<$ 0.05] 显著不同。如图 5 - 23A 所示，A 组对比 B 组有 58 个差异表达基因上调，73 个差

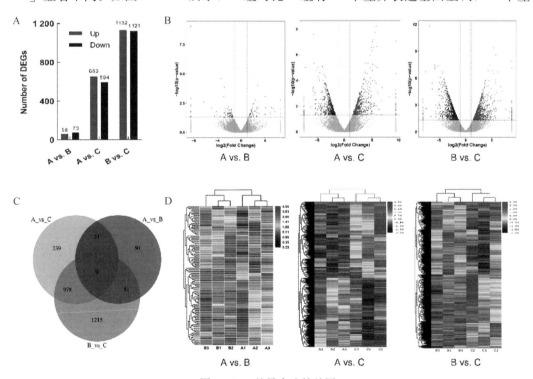

图 5 - 23　差异表达的基因

A. DEG 数量　B. 三次比较中的火山图 [蓝色和红色圆点表示 DEG (FDR<0.05)，黑色圆点表示非差异表达基因]　C. 维恩图反映了 DEG 的交叉　D. DEG 的层次聚类分析 (蓝色、红色和白色分别表示 DEG 表达丰度的减少、增加和未检测到的变化)

异表达基因下调；A组与C组相比，有653个差异表达基因上调，594个差异表达基因下调；B组和C组比较，有1132个差异表达基因上调，1121个差异表达基因下调。同时，火山图显示了A组和B组、A组和C组以及B组和C组三个比较的差异表达基因的分布情况（图5-23B）。维恩图反映了三个比较中差异表达基因的交叉情况（图5-23C）。进一步的聚类分析表明，差异表达基因主要集中在两个比较：A组与C组、B组和C组（图5-23D）。

（三）差异表达基因的功能富集分析

使用GO功能富集分析探索了差异表达基因的功能富集情况。图5-24A展示了分子功能、细胞成分和生物过程的各前10个GO富集条目。可以发现，与A vs.B相比，A vs.C和B vs.C在GO功能富集分析中富集了更多的差异表达基因。在A vs.C和B vs.C之间，许多相同的GO通路被富集。细胞成分包括膜部分、细胞器、细胞内部分和细胞部分。有价值的富集通路是核苷酸结合、磷酸核苷结合、小分子结合和有机环状化合物结合。排在前五位的生物过程是细胞过程、代谢过程、生物调节、生物过程调节和有机物质代谢过程。

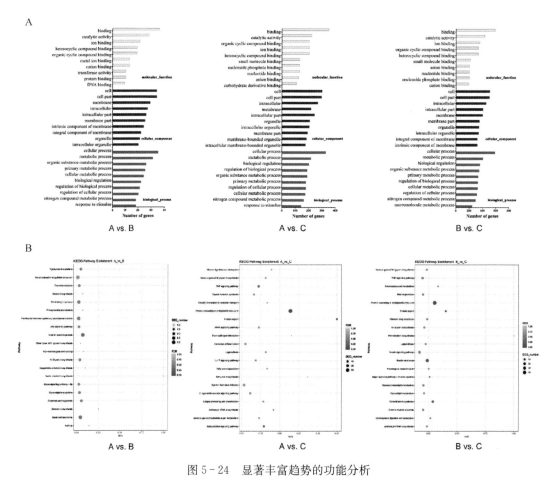

图5-24 显著丰富趋势的功能分析

A. 分子功能、细胞成分和生物过程的十大重要术语 B. KEGG富集的前20个重要术语

图 5-24B 展示了差异表达基因的 KEGG 富集分析的前 20 个 KEGG 通路。A vs. C 和 B vs. C 分别富集到 314 和 346 个 KEGG 通路。主要包括内质网中的蛋白质加工、蛋白质输出、TNF 信号通路、氨酰-tRNA 生物合成、军团菌病和各种类型的 N-聚糖生物合成途径。

（四）qRT-PCR 验证差异表达基因

如图 5-25 所示，我们筛选了 *DNJA1*、*ckap4*、*CALR*、*SEC13*、*dnli4*、*ckl f7*、*HMGB1*、*plpl2*、*Hras* 和 *gnpat* 等几个高表达的差异基因。对所选基因进行 qRT-PCR 验证后，得到了与 RNA-seq 一致的结果，进一步证实了转录组数据的可靠性。

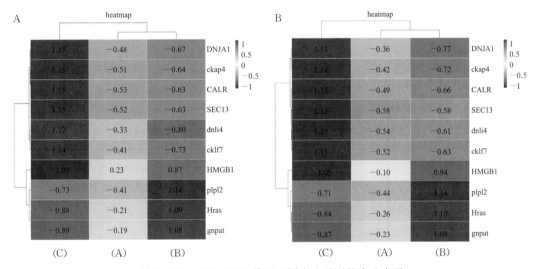

图 5-25　qRT-PCR 检测不同表达基因的表达水平

A. 热图显示了所选基因的 FPKM 值　B. 热图通过 qRT-PCR 显示了所选基因的相对表达水平

（五）筛选与温度胁迫相关的候选基因和途径

综上所述，我们认为黑斑原鮡可能不存在低温胁迫，但存在显著的高温胁迫。因此，只有 A vs. C 和 B vs. C 的比较是有意义的。本研究共确定了 17 个候选基因和 8 个候选途径（表 5-11 和表 5-12）。这 17 个候选基因在两次比较中有显著的差异表达，并且这些差异表达基因都有一定的生物学功能。多个差异表达基因与热应激相关，主要包括内质网、对温度刺激/热的响应、细胞脂代谢过程、ATP 结合/炎症反应以及脂代谢过程。此外，在这两个比较中，通过 KEGG 富集分析的比较，我们发现了 8 条途径，所有这些途径都同时富集于 A vs. C 和 B vs. C 的比较（$P < 0.05$）。差异表达基因富集最多的途径是内质网中的蛋白质加工、脂肪细胞因子信号通路、肿瘤坏死因子信号通路、军团菌和各种类型的 N-糖链生物合成。总体而言，这些研究表明，黑斑原鮡经历了明显的高温胁迫，并对高温胁迫表现出一系列的反应，特别是内质网蛋白反应。

表 5-11　在两次比较中常见的 17 个候选 DEG（A 与 C 和 B 与 C）

Gene symbol	Gene description	Log$_2$FC		Function classification
		A vs. C	B vs. C	
CALR	calreticulin	1.727 55	1.739 44	
SAR1B	GTP - binding protein sar1b	2.590 44	2.439 10	
PDIA4	protein disulfide - isomerase A4	2.784 98	2.597 21	
MA1B1	endoplasmic reticulum mannosyl - oligosaccharide 1,2 - alpha - mannosidase	-3.156 34	-3.074 49	Endoplasmic reticulum
DERL2	derlin - 2	2.398 48	2.266 06	
SEC13	sec13 - like	2.612 29	2.946 01	
HYOU1	Hyou1 protein	4.386 55	4.944 05	
HSPB1	heat shock protein beta - 1	4.297 45	4.472 96	
DNJA1	dnaJ homolog subfamily A member 1	2.286 45	3.032 21	Response to temperature stimulus/response to heat
HMGB1	high mobility group - T protein - like	-3.479 58	-4.214 59	
DNJA4	dnaJ homolog subfamily A member 4	5.132 64	4.263 56	
Hras	Ha - ras Harvey rat sarcoma viral oncogene homolog, like	-2.268 29	-3.766 40	Membrane/small GTPase mediated signal transduction/ intracellular/GTP binding
gnpat	dihydroxyacetone phosphate acyltransferase - like	-2.094 81	-3.442 86	Cellular lipid metabolic process/integral component of membrane/O - acyltransferase activity
ckap4	cytoskeleton - associated protein 4	3.732 28	5.771 39	Integral component of membrane
cklf7	CKLF - like MARVEL transmembrane domain - containing protein 7	2.284 59	4.201 84	
sgk1	serine/threonine - protein kinase Sgk1 isoform X2	5.006 96	3.038 54	Protein serine/threonine kinase activity/ATP binding/protein phosphorylation/inflammatory response
plpl2	patatin - like phospholipase domain - containing protein 2	-2.243 45	-4.743 28	Lipid metabolic process

表 5 - 12　在两次比较中，DEG 的八种显著的 KEGG 富集途径（A 与 C 和 B 与 C）

Pathway ID	Description	P value		DEGs tested	
		A vs. C	B vs. C	A vs. C	B vs. C
ko04141	Protein processing in endoplasmic reticulum	9.579 14E - 11	5.776 52E - 10	34	45
ko03060	Protein export	0.000 186 935	0.001 082 412	7	8
ko04920	Adipocytokine signaling pathway	0.002 518 383	0.046 807 52	13	15
ko04668	TNF signaling pathway	0.004 257 827	0.014 112 41	14	19
ko00970	Aminoacyl - tRNA biosynthesis	0.010 834 64	0.026 068 53	7	9
ko05134	Legionellosis	0.013 695 17	0.021 658 83	8	11
ko00513	Various types of N - glycan biosynthesis	0.020 850 62	0.022 081 74	7	10
ko04977	Vitamin digestion and absorption	0.033 642 53	0.036 052 19	5	7

（六）蛋白质互作网络分析

将筛选出 17 个与高温胁迫反应相关的候选基因进行蛋白质互作网络分析。这些基因中的 10 个可以连接到一个互作网络中，其中 CALR、PDIA4 和 DERL2 位于互作网络的关键位置（图 5 - 26）。

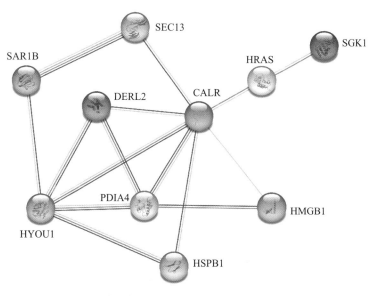

图 5 - 26　受热应激影响的蛋白质-蛋白质相互作用网络

　　总之，本研究表明，黑斑原鮡的肝脏对热应激具有显著反应，而对冷应激的反应可能不存在。基因表达和功能注释结果表明，对热应激的反应是由细胞内生化反应和代谢介导的。内质网应激和 UPR 的触发以及最终的 ERAD 可能是黑斑原鮡对抗肝脏热应激的关键途径。

第六章

黑斑原鮡体内微生态研究

近年来，基于宏基因组的高通量测序技术的快速发展，已被广泛应用于微生物群落组成多样性等研究领域。本研究采用 Illumina 高通量测序技术对黑斑原鮡健康个体和病变死亡个体的表皮皮肤黏液及肠道内容物的微生物多样性组成进行了分析，从宏基因组水平上探讨了黑斑原鮡病变死亡前后表皮和肠道微生物群落的变化。

第一节　黑斑原鮡表皮和肠道微生物研究

2015 年 4 月在西藏自治区农牧科学院水产养殖基地收集健康黑斑原鮡和病变死亡的黑斑原鮡各 5 条，在无菌条件下分别用 50 mL 灭菌离心管收集健康的黑斑原鮡和病变死亡黑斑原鮡的皮肤黏液及肠道内容物样品，分别编号为 1 号（病变死亡黑斑原鮡皮肤黏液样品）、2 号（病变死亡黑斑原鮡肠道内容物样品）、3 号（健康黑斑原鮡皮肤黏液样品）、4 号（健康黑斑原鮡肠道内容物样品），所有样品于－20 ℃保藏备用。

一、基因组 DNA 的提取

采用 TIANGEN 公司土壤基因组 DNA 提取试剂盒（DP336）提取黑斑原鮡皮肤黏液和肠道内容物样品中微生物的总 DNA，具体步骤按说明书操作。所提取的 DNA 于－20 ℃保藏备用。

二、细菌 16S rDNA - V3 区的 PCR 扩增及测序

用提取的总 DNA 为模板，采用细菌 V3 区通用引物 338F/518R（表 6 - 1）扩增目的片段。PCR 扩增体系（50 μL）如下：10×Buffer 5 μL，dNTP（2.5 mmol/L）4 μL、引物各 1 μL、Takara Taq（5 U/μL）0.25 μL、模板 1 μL、无菌水 37.75 μL。扩增条件：94 ℃预变性 5 min；94 ℃ 30 s，55 ℃ 45 s，72 ℃ 1 min，30 个循环；72 ℃延伸 10 min，4 ℃保存。取 2 μL PCR 产物，2%琼脂糖凝胶电泳检测。将 PCR 扩增产物送至北京亿鸣复兴生物科技有限公司进行测序，测序平台为 Illumina Miseq。

表 6 - 1　PCR 引物

引　　物	序列 5′- 3′
338F	ACTCCTACGGGAGGCAGC
518R	ATTACCGCGGCTGCTGG
GeoA2	CCAGTAGTCATATGCTTGTCTC
Geo11	ACCTTGTTACGACTTTTACTTCC
F - Primer	GTAGTCATATGCTTGTCTC
R - Primer	ATTCCCCGTTACCCGTTG

三、真菌 18S rDNA 部分片段的 PCR 扩增及测序

用提取的总 DNA 为模板，采用巢式 PCR 扩增法扩增真菌 18S rDNA 区目的片段。巢式 PCR 第一轮扩增采用 GeoA2/Geo11 引物（表 6 - 1）；PCR 扩增体系（50 μL）如下：10×Buffer 5 μL、dNTP（2.5 mmol/L）4 μL、引物各 1 μL、TakaRa Taq（5 U/μL）0.25 μL、模板 1 μL、无菌水 37.75 μL；扩增条件：94 ℃预变性 5 min，94 ℃ 30 s、59 ℃ 1 min、72 ℃ 1.5 min、30 个循环，72 ℃延伸 10 min；扩增产物采用 Min Elute PCR Purefication Kit 纯化后 4 ℃保存。巢式 PCR 第二轮扩增采用 F - Primer/R - Primer 引物（表 6 - 1）；PCR 扩增体系（50 μL）如下：10×Buffer 5 μL、dNTP（2.5 mmol/L）4 μL、引物各 1 μL、Takara Taq（5 U/μL）0.25 μL、模板 38.75 μL；扩增条件：94 ℃预变性 10 min，94 ℃ 30 s、59 ℃ 30 s、72 ℃ 1 min、10 个循环，94 ℃ 30 s、47 ℃ 30 s、72 ℃ 1 min、27 个循环，72 ℃延伸 10 min，4 ℃保存；取 2 μL PCR 产物，2％琼脂糖凝胶电泳检测。将 PCR 扩增产物送至北京亿鸣复兴生物科技有限公司进行测序，测序平台为 Illumina Miseq。

四、生物信息学分析

对测序结果原始图像数据利用软件 CASAVA（v1.8.2）进行图像碱基识别（Base Calling），初步质量分析，得到测序数据（Pass filter data，PF data），应用 Pandaseq 和 Trimmomatic 软件进行数据优化分析，获得高质量序列数据。计算在 97％的相似水平上每个样本的操作分类单元（OTU）数量，基于 OTUs 数，构建稀疏曲线。利用 Qiime 软件，采用对序列随机抽样的方法，以抽到的有效序列数进行 OUT 分析，并分别计算各样本 α 多样性指数和 β 多样性指数，用 RDP classifier 进行物种分类注释，以得到每个样本的群落组成。

五、不同样本微生物群落结构及丰度分析

对黑斑原鮡病死表皮、病死肠道、健康表皮和健康肠道中高通量测序的数据进行统计（表 6 - 2、表 6 - 3），4 个样本总共获得了 115 185 条合格的 16S rDNA 序列，有效序列的平均长度为 189 bp，健康表皮和肠道的有效 OUT 数量明显少于病死表皮和肠道的 OUT 数量，证明病死表皮和肠道中的细菌多样性显著低于健康表皮和肠道中的细菌多样性。获得了 567 663 条合格的 18S rDNA 序列，有效序列平均长度为 354 bp，和细菌的多样性统计不同，健康表皮的真菌多样性高于病死表皮，而健康肠道的真菌多样性低于病死表皮。基于 Observed OTUs 数，构建的稀释曲线（Rarefaction curve）（图 6 - 1）。从各样品的稀释曲线可以看出，各样品的曲线均趋向平坦，说明测序数据量合理，更多的数据量对发现新的 OUT 的边际贡献较小。

表 6-2　各样本细菌有效数据统计

样品名称	有效序列总数	平均长度（bp）	有效 OUT 总数	单一序列的 OUT
病死表皮	32 194	188	2 438	1 672
病死肠道	44 485	190	3 293	2 269
健康表皮	18 765	188	1 640	1 746
健康肠道	19 741	190	2 278	8 815

表 6-3　各样本真菌有效数据统计

样品名称	有效序列总数	平均长度（bp）	有效 OUT 总数	单一序列的 OUT
病死表皮	177 477	357	1 295	192 807
病死肠道	287 143	347	819	305 891
健康表皮	67 394	356	1 890	71 488
健康肠道	35 649	356	625	37 623

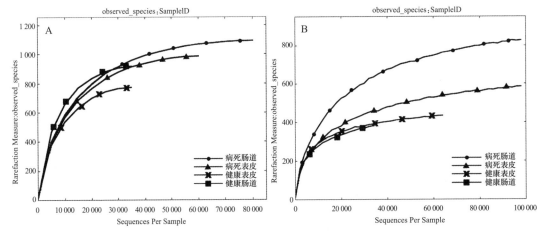

图 6-1　黑斑原鮡各样本中细菌和真菌的稀释曲线

A. 各样本中细菌的稀释曲线　B. 各样本中真菌的稀释曲线

通过 Chao 指数、Shannon 指数、Simpson 指数和 Good's-coverage 指数对样品的丰度及多样性进行比较分析（表 6-4）。从 Chao 指数可以看出各样本的菌群丰度，病死黑斑原鮡表皮和肠道中细菌丰度与健康表皮和肠道相比明显增加，分别增加了 48.6% 和 44.6%；从 Shannon 指数、Simpson 指数和 Good's-coverage 指数可以看出各样本的菌

表 6-4　各样本的 α 多样性

样品名称	细　菌		真核生物	
	Chao1	Shannon	Chao1	Shannon
病死表皮	2 437	4.144 253	1 405.65	4.051 024
病死肠道	3 292	3.538 99	1966.132	4.438 384
健康表皮	1 640	4.897 231	867.362 3	4.176 593
健康肠道	2 277	5.774 229	705.75	4.262 21

群多样性，病死黑斑原鮡表皮和肠道中细菌多样性与健康表皮和肠道相比有所减少，分别减少了15.4%和38.7%；病死黑斑原鮡表皮真菌多样性与健康表皮相比有所减少，而肠道中真菌的多样性有所增加。

六、不同样本微生物物种注释

为进一步明确病死与健康黑斑原鮡表皮和肠道中细菌与真菌的群落组成，使用RDP classifier对代表性序列进行物种分类注释。每个样本在门水平下的物种分布如图6-2、彩图21，图中各样本16S rDNA在门水平下得到41个细菌门，而18S rDNA在门水平下只有4个真菌门。基于门水平下物种注释信息，选取丰度排名前20的属，绘制物种丰度聚类图（图6-3、彩图22），图中细菌在属水平下明显被分为2类，真菌在属水平下分为5类。各样品中，*Acinetobacter*、*Pseudomonas*和*Chryseobacterium*在黑斑原鮡健康肠道中为优势种，其他菌属在各样品中丰度较低；真菌*Malassezia*在病死黑斑原鮡和健康黑

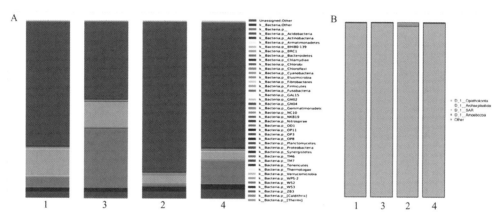

图6-2 黑斑原鮡各样本中细菌和真菌在门水平下各样本物种相对丰度柱状

A. 各样本中细菌的相对丰度柱状图　B. 各样本中真菌的相对丰度柱状图

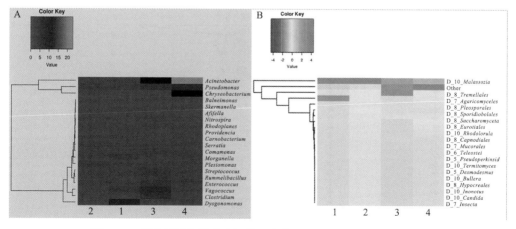

图6-3 黑斑原鮡各样本中细菌和真菌排名前20的属的物种聚类

A. 各样本中细菌的物种聚类图　B. 各样本中真菌的物种聚类图

斑原鮡皮肤与肠道中均有较高丰度，Tremellales 只在健康表皮中有较高丰度，*Arachnida* 只在病死表皮中有较高丰度。

七、不同样本微生物群落结构变化分析

对病死黑斑原鮡表皮和肠道微生物群落结构与健康黑斑原鮡表皮和肠道微生物群落结构对比分析（图 6-4、图 6-5）。不动杆菌属（*Acinetobacter*）在健康表皮和健康肠道中为优势类群，分别占所有微生物相对比例的 41.10％和 43.86％；假单胞菌属（*Pseudomonas*）在病死黑斑原鮡肠道中为优势类群，占所有微生物相对比例的 26.44％；*Dysgonomonas* 在病死黑斑原鮡表皮中为优势类群，占所有微生物相对比例的 43.34％。Tremellales 在健康黑斑原鮡表皮中为优势类群，占所有微生物相对比例的 52.9％；马拉色氏霉菌属（*Malassezia*）在病死黑斑原鮡表皮、肠道和健康黑斑原鮡肠道中为优势类群，分别占所有微生物相对比例分别的 52.24％、94.22％和 73.49％。

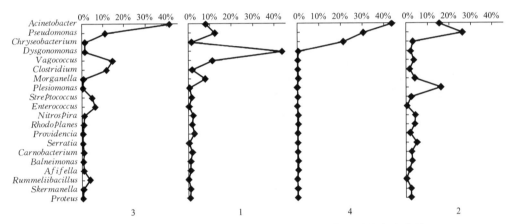

图 6-4　黑斑原鮡各样本中排名前 20 的属的细菌相对丰度变化量

1. 病死黑斑原鮡表皮　2. 病死黑斑原鮡肠道　3. 健康黑斑原鮡表皮　4. 健康黑斑原鮡肠道

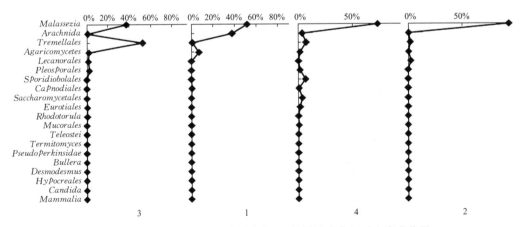

图 6-5　黑斑原鮡各样本中排名前 20 的属的真菌相对丰度变化量

1. 病死黑斑原鮡表皮　2. 病死黑斑原鮡肠道　3. 健康黑斑原鮡表皮　4. 健康黑斑原鮡肠道

病死黑斑原鮡表皮和肠道中的微生物相比较健康黑斑原鮡表皮和肠道微生物明显改变了（表6-5）。其中，丰度排在前20的细菌属中，14个属的丰度在病死黑斑原鮡表皮中增加了，增加倍数最多的是 *Dysgonomonas*，为39.4倍，而 *Rummeliibacillus* 在病死黑斑原鮡表皮中未检测到；17个属的丰度在病死黑斑原鮡肠道中增加了，增加倍数最多的是 *Plesiomonas*，为270倍。丰度排在前20的真菌属中，7个属的丰度在黑斑原鮡病死表皮中增加了，增加倍数最多的是 Arachnida，为39.62倍，而 *Candida* 在健康黑斑原鮡表皮中未检测到；5个属的丰度在黑斑原鮡病死肠道中增加了，而 *Termitomyces*、*Bullera* 和 Mammalia 在健康黑斑原鮡肠道中未检测到。

表6-5　病死黑斑原鮡表皮和肠道微生物相对丰度的变化倍数（与健康黑斑原鮡相比）

细　　菌	病死表皮		病死肠道		真菌	病死表皮		病死肠道	
	增加	减少	增加	减少		增加	减少	增加	减少
Acinetobacter		5.12		2.82	*Malassezia*	1.35		1.28	
Pseudomonas	1.13			1.16	Arachnida	39.62			6.90
Chryseobacterium	1.32			7.42	Tremellales		46.00		
Dysgonomonas	39.4		5.03		Agaricomycetes	3.65			3.42
Vagococcus		1.32	15.68		Lecanorales		15.88	14.94	0.07
Clostridium	6.64		12.42		Pleosporales		11.38		10.29
Morganella	13.2		8.58		Sporidiobolales		1.83		94.83
Plesiomonas	2.00		270.00		Capnodiales	1.26			2.78
Streptococcus		3.12	13.41		Saccharomycetales		4.25		57.12
Enterococcus	21.7		11.50		Eurotiales		5.20		25.82
Nitrospira	2.27		10.00		*Rhodotorula*		36.5		2.36
Rhodoplanes	2.42		10.03		Mucorales	1.25			11.62
Providencia	9.07		6.74		Teleostei		2.50		减到0
Serratia	3.09		21.87		*Termitomyces*		减到0	新增	
Carnobacterium	2.42		21.18		Pseudoperkinsidae		10.00		10.63
Balneimonas	2.19		7.36		*Bullera*			新增	
Afifella	1.56		3.95		Desmodesmus	2.00			6.60
Rummeliibacillus		减到0	9.00		Hypocreales		减到0		4.00
Skermanella	1.76		6.74		*Candida*	新增			减到0
Proteus	2.76		9.09		Mammalia		减到0	新增	

第二节　病鱼苗携带细菌分离鉴定

2018年8月19日，采集黑斑原鮡病鱼苗送往四川农业大学水产病害研究中心进行疾病诊断。根据剖解、寄生虫学与病毒学检测结果，确定送检黑斑原鮡无寄生虫、CEV、

IHNV 与 SVCV 的感染，但部分鱼存在条件致病菌嗜水气单胞菌（*Aeromonas hydrophila*）与弗氏柠檬酸杆菌（*Citrobacter freundii*）的感染。

一、病理剖解与寄生虫检查

对送检的患病黑斑原鮡进行外部变化及剖解观察。送检鱼苗游动正常，或集群（图 6 - 6、彩图 23），部分鱼苗明显头大、尾小。体表完整，色泽无明显异常，少数背部与鳃轻度充血，发红；体表与鳃寄生虫检查未发现寄生虫（图 6 - 7、彩图 24）；剖检内脏器官无明显的异常；部分鱼整个胃肠道空虚，而部分鱼肠道后肠段肠腔内有少量的食糜，前中段内无食物。

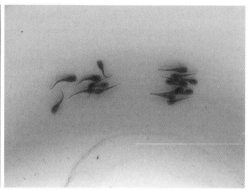

图 6 - 6　送检鱼苗活动正常或集群

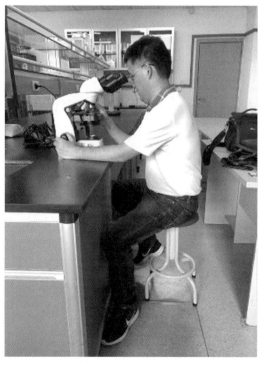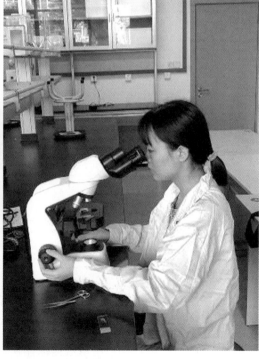

图 6 - 7　对送检鱼进行体表与鳃的寄生虫检查

二、细菌学检查

（一）细菌分离纯化与形态

无菌操作分别从 6 条黑斑原鮡肝脏取样接种至 BHIA 平板（图 6-8、彩图 25），分别标记为 1~6 号。28 ℃ 恒温箱培养 32 h 后观察发现，1 号和 4 号接种区域生长优势菌落，分纯后分别命名为 1 号菌和 4 号菌（图 6-9、彩图 26），革兰氏染色观察均为阴性杆菌（图 6-10、彩图 27）。

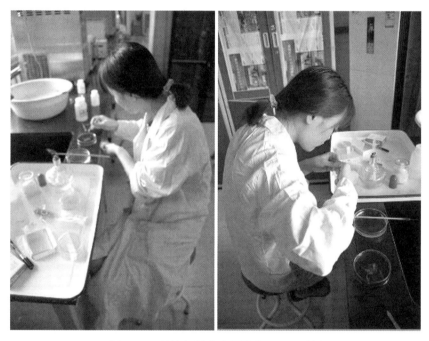

图 6-8 送检鱼肝脏取样接种 BHIA 平板

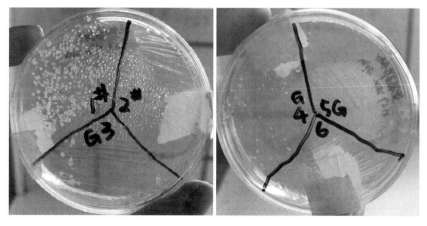

图 6-9 送检鱼肝脏接种 BHIA 平板 28 ℃恒温箱培养 32 h 情况

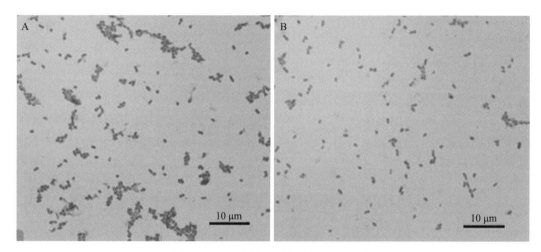

图 6-10　1 号菌和 4 号菌为 G-短杆菌

A. 1 号菌　B. 4 号菌

（二）分离细菌 16S rRNA 基因序列分析

对在平板上生长的优势菌落进行 16S rRNA
的检测。设计针对 16S rRNA 基因的特异性引物
（27F 5′- AGAGTTTGATCCTGGCTCAG - 3′;
1 492R 5′- TACGGTTACCTTGTTACGACTT -
3′），扩增预期片段大小 1 500 bp。25 μL 反应体
系包含 Mix - reaction buffer 12.5 μL，上游引物
1 μL，下游引物 1 μL，DNA 模板 1 μL，双蒸水
9.5 μL。扩增条件：94 ℃预变性 4 min；94 ℃变
性 30 s，55 ℃退火 30 s，72 ℃延伸 30 s，循环 30
次；最后 72 ℃延伸 10 min。PCR 产物经 1%琼脂
糖凝胶电泳检测（图 6-11）。

将获得的 16S rRNA 基因的 PCR 扩增送到成
都擎科生物有限公司进行测序，测序结果在 Gen-

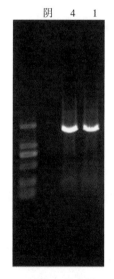

图 6-11　1 号和 4 号菌的 16S rRNA
基因 PCR 扩增电泳

Bank 上进行 Blast 比对，1 号鉴定为嗜水气单胞菌（*Aeromonas hydrophila*），4 号鉴定
为弗氏柠檬酸杆菌（*Citrobacter freundii*）。

（三）分离菌药物敏感性检测

用琼脂扩散法（K-B）对分离菌进行药物敏感性测试，药敏纸片为杭州微生物试剂
有限公司生产，1 号与 4 号两株分离菌对氟苯尼考、恩诺沙星、强力霉素、罗红霉素、阿
莫西林不敏感（图 6-12、彩图 28）。

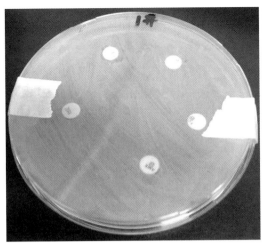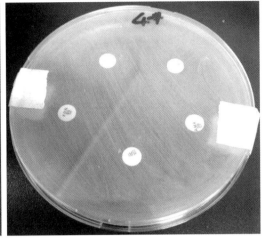

图 6-12　药敏测试结果

三、病毒学检查

分别将黑斑原鮡的鳃、内脏等组织匀浆并提取 DNA 或 RNA，分别采用巢式 PCR 与 RT-PCR 进行浮肿病毒（CEV）、传染性造血器官坏死病毒（IHNV）与鲤春病毒（SVCV）检测（图 6-13、彩图 29）。25 μL 反应体系：Mix-reaction buffer 12.5 μL，上游引物 1 μL，下游引物 1 μL，DNA 模板 2 μL，双蒸水 8.5 μL。扩增条件：95 ℃预变性 3 min；95 ℃变性 30 s，55 ℃退火 30 s，72 ℃延伸 30 s，循环 40 次；最后 72 ℃延伸 10 min。PCR 产物经 1%琼脂糖凝胶电泳检测，未出现阳性条带。

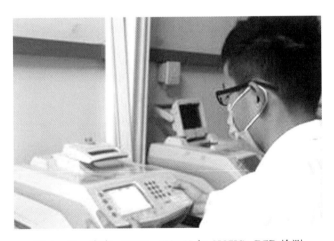

图 6-13　病毒（CEV、IHNV 与 SVCV）PCR 检测

四、病因分析

本研究主要对送检黑斑原鮡鱼苗进行了体表寄生虫、CEV、IHNV 与 SVCV 及细菌

等感染生物性病原因素的检测，检测结果显示送检黑斑原鮡无寄生虫、CEV、IHNV 与 SVCV 的感染，但部分鱼存在条件致病菌（嗜水气单胞菌与弗氏柠檬酸杆菌）的感染；是否有其他生物新病原，尤其是新病毒的感染有待以后进一步的研究。另外，剖检发现部分鱼苗存在头大尾小，有很多鱼胃肠道内没有食物，部分鱼苗仅在后肠段有少量食糜的现象，且从检测鱼体内分离的细菌既不均一，又并非都能分离到条件致病菌。因此，是否存在饵料的不适宜，导致鱼苗体质下降，抵抗力差，而继发外界条件致病菌的感染并引起死亡，应予以重点关注与分析。

第七章

黑斑原鮡肌肉营养成分分析与评价

第一节　一般营养成分分析

采集的 7 尾黑斑原鮡平均体重 197.0 g，平均体长为 24.3 cm。黑斑原鮡肌肉一般营养成分与其他几种鱼类比较结果见表 7-1，黑斑原鮡肌肉中水分含量为 77.92%、粗蛋白含量为 17.64%、粗脂肪含量为 1.42%、粗灰分含量为 0.29%。粗脂肪含量明显高于大鳍异鮡（1.19%），粗灰分含量明显低于大鳍异鮡（1.21%）和石爬鮡（1.44%）。黑斑原鮡肉质细嫩，在西藏土著鱼种中是最受欢迎的之一。粗灰分是肌肉经过高温灼烧之后的残留物，这些残留物主要是无机盐或者氧化物等矿物元素，提升口感，这可能是黑斑原鮡在群众评论中肉质细嫩的原因之一。

表 7-1　黑斑原鮡肌肉营养成分与其他几种鱼类的比较（$n=7$，鲜重，%）

鱼　类	水　　分	粗蛋白	粗脂肪	粗灰分	文献来源
黑斑原鮡	77.92±1.34	17.64±1.38	1.42±0.09	0.29±0.08	本研究
大鳍异鮡	78.31±0.05	19.29±0.12	1.19±0.03	1.21±0.01	黄自豪，2015
石爬鮡	80.09±0.89	15.29±0.77	1.52±0.26	1.44±0.31	潘艳云等，2009

第二节　氨基酸组成

黑斑原鮡肌肉中氨基酸组成见表 7-2。在本试验中，共检出 17 种氨基酸，其中包括 7 种人体必需氨基酸。必需氨基酸总量为 26.81%，氨基酸总量为 66.16%，必需氨基酸总量与氨基酸总量比值（$\sum$EAA/$\sum$TAA）为 40.52%，必需氨基酸总量与非必需氨基酸总量比值（$\sum$EAA/$\sum$NEAA）为 68.13%。黑斑原鮡属冷水性鱼类，常年生活水温不高于 18 ℃，黑斑原鮡肌肉中氨基酸种类齐全，其中 17 种氨基酸中谷氨酸含量最高，其次为天门冬氨酸，这与黄自豪（2015）研究中的大鳍异鮡、潘艳云（2009）等研究中的石爬鮡、李华（2017）研究中的似鲇高原鳅等多数鱼类的肌肉氨基酸组成一致。黑斑原鮡氨基酸比例符合 FAO/WHO 理想模式，属于质量较好的蛋白质。

黑斑原鮡肌肉营养价值评价见表 7-3，黑斑原鮡肌肉氨基酸评分在 0.61~1.23，化学评分在 0.44~1.06。黑斑原鮡必需氨基酸总量低于 FAO/WHO 评分标准和全鸡蛋蛋白质标准。根据氨基酸评分和化学评分，黑斑原鮡的第一、第二限制性氨基酸分别为缬氨酸（0.61，0.44）和蛋氨酸+胱氨酸（0.75，0.48）。除赖氨酸外，黑斑原鮡肌肉其他氨基酸含量均低于 FAO/WHO 标准，黑斑原鮡肌肉必需氨基酸指数为 58.12。从氨基酸组成分析，蛋白质量较好，这是冷水性鱼类共有的特性，但从必需氨基酸指数分析，不是人体获取蛋白源的理想食物。

表 7-2　黑斑原鮡肌肉氨基酸组成及含量（干重,%）

氨基酸种类	氨基酸组成	含量（%）
非必需氨基酸	天门冬氨酸 Asp	6.88±1.04
	谷氨酸 Glu	9.88±1.52
	丙氨酸 Ala	4.25±0.48
	甘氨酸 Gly	3.89±1.22
	脯氨酸 Pro	2.60±0.51
	丝氨酸 Ser	2.94±0.33
	胱氨酸 Cys	0.84±0.13
	酪氨酸 Tyr	2.29±0.59
	精氨酸 Arg	4.29±0.48
	组氨酸 His	1.49±0.23
必需氨基酸	苏氨酸 Thr	3.24±0.45
	缬氨酸 Val	3.02±0.40
	异亮氨酸 Ile	3.20±0.50
	亮氨酸 Leu	5.60±0.86
	蛋氨酸 Met	1.78±0.31
	苯丙氨酸 Phe	3.18±0.44
	赖氨酸 Lys	6.80±1.08
必需氨基酸总量		26.81±3.97
氨基酸总量		66.16±8.24
必需氨基酸总量/氨基酸总量 $\sum$EAA/$\sum$TAA		40.52
必需氨基酸总量/非必需氨基酸总量 $\sum$EAA/$\sum$NEAA		68.13

表 7-3　黑斑原鮡肌肉氨基酸评分、化学评分和必需氨基酸指数

氨基酸种类	含量（干重，%）	FAO/WHO评分标准	鸡蛋蛋白标准	氨基酸评分	化学评分
苏氨酸 Thr	3.24±0.45	4.00	4.98	0.81±0.11	0.65±0.09
缬氨酸 Val	3.02±0.40	5.00	7.42	0.61±0.08*	0.44±0.06*
异亮氨酸 Ile	3.20±0.50	4.00	6.60	0.80±0.12	0.49±0.08
亮氨酸 Leu	5.60±0.86	7.00	8.80	0.80±0.12	0.64±0.10
赖氨酸 Lys	6.80±1.08	5.50	6.40	1.23±1.96	1.06±1.69
蛋氨酸 Met+胱氨酸 Cys	2.62±0.38	3.50	5.48	0.75±0.11**	0.48±0.07**

（续）

氨基酸种类	含量 （干重，%）	FAO/WHO 评分标准	鸡蛋蛋白 标准	氨基酸评分	化学评分
苯丙氨酸 Phe＋酪氨酸 Tyr	5.47±0.95	6.00	10.08	0.91±0.16	0.54±0.09
必需氨基酸总量	29.94±4.53	36.00	51.46		
必需氨基酸指数	58.12±8.63				

注：＊为第一限制性氨基酸，＊＊为第二限制性氨基酸。

黑斑原鮡肌肉呈味氨基酸组成见表7－4，氨基酸中的苏氨酸、赖氨酸、谷氨酸、丙氨酸、甘氨酸、脯氨酸、丝氨酸呈甜味，缬氨酸、异亮氨酸、亮氨酸、蛋氨酸、苯丙氨酸、精氨酸、组氨酸呈苦味，天门冬氨酸、谷氨酸、组氨酸呈酸味，天门冬氨酸、谷氨酸呈鲜味。按鲜样计，甜味氨基酸总量为76.3 mg/g；苦味氨基酸总量为51.2 mg/g；酸味氨基酸总量为25.4 mg/g；鲜味氨基酸总量为38.0 mg/g。按干样计，甜味氨基酸总量为335.9 mg/g；苦味氨基酸总量为215.6 mg/g；酸味氨基酸总量为182.5 mg/g；鲜味氨基酸总量为167.7 mg/g。黑斑原鮡肌肉中，呈味氨基酸含量由高到低排列为甜味氨基酸＞苦味氨基酸＞酸味氨基酸＞鲜味氨基酸。

表7－4　黑斑原鮡肌肉呈味氨基酸组成（n＝7，每100 g样品中，g）

氨基酸	含量（%）		甜味氨基酸	苦味氨基酸	酸味氨基酸	鲜味氨基酸
	鲜样	干样				
苏氨酸 Thr＊	0.73±0.05	3.24±0.45	＋			
缬氨酸 Val＊	0.69±0.04	3.02±0.40		＋		
异亮氨酸 Ile＊	0.73±0.07	3.20±0.50		＋		
亮氨酸 Leu＊	1.27±0.11	5.60±0.86		＋		
赖氨酸 Lys＊	1.54±0.12	6.80±1.08	＋			
蛋氨酸 Met＊	0.40±0.04	2.62±0.38		＋		
苯丙氨酸 Phe＊	0.72±0.04	3.18±0.44		＋		
天门冬氨酸 Asp	1.56±0.13	6.88±1.04			＋	＋
谷氨酸 Glu	2.24±0.19	9.88±1.52	＋		＋	＋
丙氨酸 Ala	0.97±0.39	4.25±0.48	＋			
甘氨酸 Gly	0.89±0.28	3.89±1.22	＋			
脯氨酸 Pro	0.59±0.11	2.60±0.51	＋			
丝氨酸 Ser	0.67±0.03	2.94±0.33	＋			
精氨酸 Arg＊＊	0.97±0.04	4.29±0.48		＋		

（续）

| 氨基酸 | 含量（%） | | 甜味氨基酸 | 苦味氨基酸 | 酸味氨基酸 | 鲜味氨基酸 |
	鲜样	干样				
组氨酸 His**	0.33±0.03	1.49±0.23		+	+	
鲜样总含量			7.63±0.29	5.12±0.31	2.54±0.14	3.80±0.32
干样总含量			33.59±3.87	21.56±3.10	18.25±2.79	16.77±2.56

注：* 表示必需氨基酸；**表示半必需氨基酸；＋表示含有。

第三节　重金属分析

黑斑原鮡肌肉中重金属组成见表7-5，表中砷占鲜样和干样的比重分别为 0.091 mg/kg 和 0.383 mg/kg，汞占鲜样和干样的比重分别为 0.493 mg/kg 和 2.170 mg/kg，铅占鲜样和干样的比重分别为 0.197 mg/kg 和 0.866 mg/kg，镉占鲜样和干样的比重分别为 0.005 mg/kg 和 0.021 mg/kg，铜占鲜样和干样的比重分别为 0.344 mg/kg 和 1.519 mg/kg，其中含量最高的为汞，其次为铜。本研究中，黑斑原鮡与黄斑褶鮡同属鲇形目、鮡科，汞的含量为 493 ng/g，汞含量富集显著，这与黄斑褶鮡的研究发现是一致的。西藏被誉为世界的"第三极"，但均值型污染指数和单因子污染指数分析表明，黑斑原鮡肌肉属砷重度污染物、重金属轻度污染物。对西藏包括雅鲁藏布江的 16 个河水样品检测，发现人口稀少、矿业和工业等活动较少的上游 2 个狮泉河水样品中的砷含量明显高于正常河水的平均含量。对于这种现象的产生，初步推断河水中砷的富集可能与区域广泛分布的热泉及盐湖有关。有研究认为雅鲁藏布江上游存在高砷河水，本研究中黑斑原鮡均采自雅鲁藏布江中上游，但其与肌肉砷重度污染确切的关系尚需进一步研究确认。

表7-5　黑斑原鮡肌肉重金属含量

元素	占鲜样比重	占干样比重	单因子污染指数 Pi	均值型污染指数 PI
砷（mg/kg）	0.091±0.053	0.383±0.191	0.910	
汞（mg/kg）	0.493±0.041	2.170±0.311	0.493	
铅（mg/kg）	0.197±0.055	0.866±0.253	0.394	0.371
镉（mg/kg）	0.005±0.003	0.021±0.014	0.050	
铜（mg/kg）	0.344±0.061	1.519±0.330	0.007	

表7-5中，黑斑原鮡肌肉中砷、汞、铅、镉、铜 5 种重金属含量均为超过食品安全限量标准值，均值型污染指数表明黑斑原鮡肌肉重金属污染水平为轻度污染级别。单因子污染指数表明，黑斑原鮡肌肉为镉和铜污染物级别，汞和铅轻度污染物级别，砷重度污染物级别。

第四节 脂肪酸及无机盐成分分析

黑斑原鮡肌肉中共检出 16 种脂肪酸，脂肪酸比重占鲜样的比重为（2 658.6±483.72）mg/kg；与其同是鮡科的石爬鮡肌肉中检出 21 种脂肪酸，脂肪酸比重为 994 mg/kg；大鳍异鮡检出 14 种脂肪酸，脂肪酸比重为 8 700 mg/kg。三者具有较大的差异。鱼类脂肪酸的含量因种类、年龄、性别、温度、组织和器官的不同而有很大的差异，并且受日粮影响较大，这是由于鱼类摄食的脂质可被直接转入体脂质中，很少有改造的作用（表 7-6）。多不饱和脂肪酸具有增加鱼肉香味的作用，在一定程度上反映鱼肉的多汁性，多不饱和脂肪酸还具有降低血液中胆固醇和甘油三酯、降低血液黏稠度、调节心脏功能等作用。本研究中共检出多不饱和脂肪酸 6 种，占鲜样比重为（1 148.3±313.01）mg/kg，显著高于大鳍异鮡多不饱和脂肪酸 411.5 mg/kg、石爬鮡多不饱和脂肪酸 367 mg/kg、兰州鲇多不饱和脂肪酸 333.9 mg/kg，说明黑斑原鮡肌肉中多不饱和脂肪酸含量丰富，也解释了黑斑原鮡肉质细腻和具有药用价值的原因。EPA 在免疫和炎症反应中有着重要的作用；DHA 在视网膜的发育过程中是所必需的，能够保护神经元和影响细胞膜的生理特性。本研究中，黑斑原鮡肌肉中 EPA 和 DHA 占鲜样比重为（960.08±299.43）mg/kg，16 种脂肪酸中，DHA 含量最高（655.33±231.70）mg/kg。大鳍异鮡肌肉中 EPA 和 DHA 占鲜样比重为 196.2 mg/kg，显著低于黑斑原鮡。因此，黑斑原鮡具有较高的食用和保健价值。黑斑原鮡肌肉的致动脉粥样硬化指数（IA）和血栓形成指数（IT）分别为 0.40 和 1.18，其 IA 接近于

表 7-6 黑斑原鮡肌肉脂肪酸组成及相对含量（鲜重，$n=10$）

脂肪酸	含量（mg/kg）	脂肪酸	含量（mg/kg）
十二烷酸甲酯（C12:0）	27.06±2.96	顺-11,14,17-二十碳三烯酸甲酯（C20:3n3）	18.95±2.19
十三烷酸甲酯（C13:0）	14.05±1.58	顺-5,8,11,14 二十碳四烯酸甲酯（C20:4n6）	60.92±20.06
十四烷酸甲酯（C14:0）	87.64±17.77	顺一二十碳五烯酸甲酯（C20:5n3）	304.75±81.76
十五烷酸甲酯（C15:0）	22.28±2.70	二十二碳六烯酸甲酯（C22:6ns）	655.33±231.70
十六烷酸甲酯（C16:0）	543.98±104.72	总饱和脂肪酸	1 015.7±170.53
十七烷酸甲酯（C17:0）	32.73±4.05	总单不饱和脂肪酸	494.40±100.41
十八烷酸甲酯（C18:0）	260.31±41.67	总多不饱和脂肪酸	1 148.30±313.01
花生酸甲酯（C20:0）	27.64±2.68	必需脂肪酸	108.37±17.37
十六碳烯酸（C16:1）	284.40±65.68	总多不饱和脂肪酸（n-3）	56.82±9.15
顺-9-十八烯酸（C18:1n9c）	210.20±36.62	总多不饱和脂肪酸（n-6）	655.33±231.70
亚油酸甲酯（C18:2n6c）	70.49±11.76	动脉粥样硬化指数	0.40
亚麻酸甲酯（C18:3）	37.88±7.66	血栓形成指数	1.18

南方大口鲇（0.42）、大鳍异鮡（0.48），明显低于羊肉（1.00）、牛肉（0.72）和猪肉（0.60）；而 IT 明显高于南方大口鲇（0.35）、大鳍异鮡（0.28），接近于牛肉（1.06）。

人体所需的无机盐元素必须从食物获取，鱼肉作为人类食物的主要来源之一，其肌肉无机盐元素含量丰富。黑斑原鮡肌肉中无机盐元素组成见表 7-7，共检出 19 种无机盐元素，含量从高到低依次为 K、P、Na、Mg、Ca、Zn、Cs、Fe、Al、Ag、Ni、Sr、Bi、Se、Mn、Cr、Ba、Co、V，占人体和动物体组织的矿物元素的 42%。Na 和 K 能够有效促进能量代谢，有研究表明理想的 Na/K 比值应低于 1.5，过高对人体 Na/K 平衡不利。本研究中含量最多的是 K（4 061.23 mg/kg），Na 的含量排第三为 1 342.19 mg/kg，其 K 的含量与大鳍异鮡肌肉中的 K（4 376 mg/kg）接近，Na 含量显著高于大鳍异鮡肌肉 Na（438 mg/kg）含量，Na/K 比值为 0.33:1，显著低于 1.5。钙和磷是动物体内必需的，理想的 Ca/P 比（1:1）有助于促进钙的吸收，增强骨骼发育。本研究中 Ca/P 比（1:164），远超过理想比值，可能是通过西藏土壤中有机磷渗入有关，这与有关西藏土壤有机质和氮磷钾状况及其影响因素分析得出西藏土壤全磷水平普遍较高结论一致。无机盐元素是机体重要的组成部分，不足或过量摄入均会对机体造成危害，本研究应用国际上广泛利用的 UL 元素风险评估的方法，对黑斑原鮡肌肉中部分无机盐元素进行了风险评估，结果显示所评估的几种无机盐元素均在安全范围之内。

表 7-7 黑斑原鮡肌肉中无机盐元素组成（鲜重，$n=10$）

无机盐元素	含量（mg/kg）	无机盐元素	含量（mg/kg）
Zn	84.77±28.87	Ba	0.15±0.10
Co	0.02±0.01	Bi	1.25±1.78
Cr	0.39±0.12	Al	4.20±3.93
Se	0.78±0.19	Mg	357.04±23.95
Fe	8.14±1.91	K	4 061.23±573.54
Ni	2.814±1.67	Ca	197.72±34.88
Mn	0.49±0.23	P	3 520.00±400.00
V	0.01±0.00	Na	1 342.19±182.21
Sr	1.32±1.60	Ca/P	1/164
Ag	3.53±4.34	Na/K	0.33/1
Cs	39.60±4.94		

第五节　黑斑原鮡无机盐元素风险评估

目前，可耐受最高摄入量（UL）元素风险评估方法在国际上被广泛应用。可耐受最高摄入量是平均每日在不造成毒副作用的情况下人体可摄入某种营养素的最高量。本研究计算黑斑原鮡无机盐元素平均风险和最大风险，公式中对于不同年龄阶段鱼肉的日摄入量参考唐洪磊关于广东省沿海城市居民膳食机构的研究，根据《中国居民膳食营养素参考摄入量》（2013 修订版）所制定的微量营养素可耐受最高摄入量，本文对钙、磷、铁、锌、硒、锰无机盐元素进行风险评估分析，由于样本量的限制，风险评估有一定的局限性，结果见表 7－8。

表 7－8　不同人群无机盐元素风险指数

元　素	2～5 岁		6～17 岁		18～44 岁		45～59 岁		60 岁以上	
	平均	最大	平均	最大	平均	最大	平均	最大	平均	最大
锌	29.58	39.53	16.33	21.83	12.07	16.13	19.02	25.42	15.67	20.94
硒	0.02	0.03	0.01	0.02	0.01	0.01	0.01	0.03	0.01	0.02
铁	1.14	1.70	1.09	1.63	1.16	1.73	1.83	2.73	1.50	2.25
锰	0.49	1.11	0.34	0.76	0.25	0.57	0.40	0.91	0.33	0.75
钙	0.39	0.54	0.50	0.67	0.56	0.77	0.89	1.21	0.73	1.00
磷	—	—	—	—	5.73	7.41	9.03	11.68	7.44	9.62

注："—"表示未制定。

所评估的 6 种元素的风险指数远小于 100％。其中 Zn 元素风险指数最大，最大风险指数范围在 16.13％～39.53％；Se 元素的风险指数最小，最大风险指数范围在 0.02％～0.03％。在 2～5 岁和 6～17 岁年龄段，风险指数从高到低依次为 Zn＞Fe＞Mn＞Ca＞Se；在 18～44 岁、45～59 岁和 60 岁以上年龄段，风险指数从高到低依次为 Zn＞P＞Fe＞Ca＞Mn＞Se。目前，中国尚未制定 P 元素在 2～5 岁和 6～17 岁年龄段的 UL，因此本研究未计算这两个年龄段的 P 元素风险指数。本研究中所测的其他无机盐元素虽然中国暂未制定 UL，但并不是摄入越多越好。本研究中，最大风险指数与平均风险指数呈正相关，平均风险指数越大，其对应的最大风险指数也越大。

参考文献

秉志，1960. 鲤鱼解剖［M］. 北京：科学出版社.

蔡宝玉，王利平，王树英，2004. 甘露青鱼肌肉营养分析和评价［J］. 水产科学，23（9）：34-35.

蔡鸣俊，张敏莹，曾青兰，等，2011. 鲂属鱼类形态度量学研究［J］. 水生生物学报，25（6）：
    631-635.

曹桂新，姜正炎，李胜忠，等，2000. 梭鲈含肉率及营养成分分析［J］. 水利渔业，20（6）：3-4.

曹文宣，2011. 长江鱼类资源的现状与保护对策［J］. 江西水产科技（2）：1-4.

曹文宣，陈宜瑜，武云飞，等，1981. 裂腹鱼类的起源和演化及其与青藏高原的隆起关系
    ［M］//中国科学院青藏高原综合科学考察队. 青藏高原隆起的时代、幅度和形式问题. 北京：
    科学出版社.

陈刚，张健东，吴灶和，2004. 军曹鱼骨骼系统的研究［J］. 湛江海洋大学学报，24（6）：6-10.

陈龙，谢高地，鲁春霞，等，2011. 水利工程对鱼类生存环境的影响——以近50年白洋淀鱼类
    变化为例［J］. 资源科学，33（8）：1475-1480.

陈美群，李宝海，周建设，等，2016. 黑斑原鮡的生物学研究进展［J］. 安徽农业科学，44（3）：
    59-61.

陈湘粦，1977. 我国鲇科鱼类总述［J］. 水生生物学集刊（2）：197-216.

陈小勇，2013. 云南鱼类名录［J］. 动物学研究，34（4）：281-337.

陈银瑞，褚新洛，1991. 高黎贡山自然保护区鱼类［J］. 资源开发与保护，7（4）：215-219.

陈永祥，胡思玉，赵海涛，等，2009. 乌江上游四川裂腹鱼和昆明裂腹鱼肌肉营养成分的分析
    ［J］. 毕节学院学报，27（8）：67-71.

成庆泰，郑葆珊，1987. 中国鱼类系统检索［M］. 北京：科学出版社.

初庆柱，陈刚，张健东，等，2009. 粤西福建纹胸鮡的食性及繁殖力［J］. 广东海洋大学学报
    （4）：10-13.

褚新洛，1979. 鳅鮡鱼类的系统分类及演化谱系——包括一新属和一新亚种的描述［J］. 动物分
    类学报，4（1）：72-82.

褚新洛，1982. 褶鮡属鱼类的系统发育及二新种的记述［J］. 动物分类学报，7（4）：428-437.

褚新洛，陈银瑞，1990. 云南鱼类志（下册）［M］. 北京：科学出版社.

褚新洛，郑葆珊，戴定远，1999. 中国动物志（硬骨鱼纲·鲇形目）［M］. 北京：科学出版社.

褚新洛，1989. 我国鲇形目鱼类的地理分布［J］. 动物学研究（3）：251-261.

戴凤田，苏锦祥，1998. 鲿科八种鱼类同工酶和骨骼特征分析及系统演化的探讨［J］. 动物分类
    学报，23（4）：432-439.

邓君明，张曦，龙晓文，等，2013. 三种裂腹鱼肌肉营养成分分析与评价［J］. 营养学报，35（4）：
    391-393.

杜民，牛宝珍，贾梦应，等，2017. 巨魾线粒体 12S rRNA 和 16S rRNA 基因克隆及多态性分析 [J]. 西南大学学报（自然科学版），39（5）：83 - 89.

冯健，杨丹，覃志彪，等，2009. 青石爬鮡血浆生化指标、血细胞分类与发生 [J]. 水产学报，33（4）：581 - 589.

付蔷，周伟，李凤莲，等，2008. 云南云龙天池自然保护区及邻近地区鱼类 [J]. 四川动物（2）：167 - 171.

高顺福，2015. 浅谈泸水县土著鱼类资源现状及保护对策 [J]. 农民致富之友（10）：290 - 291.

郭宪光，2003. 中国鮡科鱼类分子系统发育和石爬鮡属物种有效性的研究 [J]. 重庆：西南师范大学.

郭宪光，张耀光，何舜平，等，2004.16S rRNA 基因序列变异与中国鮡科鱼类系统发育 [J]. 科学通报，49（14）：1371 - 1379.

何茜，李旭，尹正凤，等，2014. 云南腾冲界头小江鱼类资源调查及社区保护成效分析 [J]. 四川动物，33（1）：134 - 138.

何舜平，1996. 云南黑鮡属鱼类一新种（鲶形目：鮡科）[J]. 动物分类学报，21（3）：380 - 382.

何舜平，曹文宣，陈宜瑜，2011. 青藏高原的隆升与鳅鮡鱼类（鲇形目：鮡科）的隔离分化 [J]. 中国科学（C辑），31（2）：185 - 192.

何舜平，陈永久，张亚平，1999. 鮡科鱼类细胞色素 b 基因片段的序列测定及其系统发育的初步究 [J]. 动物学研究，20（2）：81 - 87.

胡国宏，刘英，1995. 利用必需氨基酸指数（EAAI）评价鱼饲料蛋白源 [J]. 中国饲料，15：29 - 31.

黄二春，万松良，陈里，等，1998. 大口鲇与土鲇、革胡子鲇肌肉营养成分的比较分析 [J]. 渔业致富指南，18：36 - 39.

黄峰，严安生，熊传喜，1999. 黄颡鱼的含肉率及鱼肉营养评价 [J]. 淡水渔业，29（10）：3 - 6.

黄静，黄自豪，危起伟，等，2018. 大鳍异鮡年龄与生长 [J]. 水生生物学报（1）：138 - 147.

黄自豪，2015. 大鳍异鮡生长、食性、消化系统和肌肉营养研究 [D]. 重庆：西南大学.

黄自豪，赵琼英，唐向芝，2017. 云南省鮡科鱼类的分布格局研究 [J]. 安徽农业科学，45（34）：101 - 105.

姜作发，刘永，李永发，等，2005. 野生、人工养殖哲罗鱼生化成分分析和营养品质评价 [J]. 东北林业大学学报，33（4）：34 - 36.

蒋朝明，曾燏，王家才，等，2016. 四川瓦屋山自然保护区鱼类资源现状及保护对策 [J]. 中国人口·资源与环境（S1）：414 - 416.

蒋志刚，江建平，王跃招，等，2016. 中国脊椎动物红色名录 [J]. 生物多样性，24（5）：501 - 551，615.

金菊，刘明典，阴双雨，等，2011. 澜沧江老挝纹胸鮡 Cytb 基因的序列变异与遗传结构分析 [J]. 遗传，33（3）：255 - 261.

乐佩琦，罗云林，1996. 鲃亚科类系统发育初探 [J]. 水生生物学报，20（2）：182 - 185.

李爱杰，1996. 水产动物营养与饲料学 [M]. 北京：中国农业出版社.

李博，2016. 三种鮡科鱼类线粒体全基因组的测定及鮡科鱼类系统发育分析 [D]. 武汉：华中农业大学.

李国治，鲁绍雄，严达伟，等，2009. 云南裂腹鱼肌肉生化成分分析与营养品质评价 [J]. 南方水产，5（2）：56 - 62.

李红敬，2008. 黑斑原鮡个体生物学及种群生态研究 [D]. 武汉：华中农业大学.

李家乐，李思发，李勇，等，1999. 尼奥鱼 [尼罗罗非鱼（♀）×奥利亚罗非鱼（♂）] 同其亲本的形态和判别 [J]. 水产学报，23（3）：261 - 266.

李思发，李晨虹，李家乐，1998. 尼罗罗非鱼品系间形态差异分析 [J]. 动物学报，44 (4)：450 - 457.

李旭，2006. 中国鲇形目鲱科鰋鮡群鱼类的系统发育及生物地理学分析 [D]. 昆明：西南林学院.

李旭，李凤莲，刘恺，等，2008. 中国伊洛瓦底江和怒江褶鮡属鱼类的形态差异及分类地位 [J]. 动物学研究 (1)：83 - 88.

李燕平，2017. 石爬鮡复合种局域适应及物种形成的分子基础研究 [D]. 重庆：西南大学.

李勇，王维林，袁正伟，等，2004. 一种简捷可靠的胎鼠骨和软骨双重染色技术 [J]. 中国医科大学学报，33 (2)：189 - 190.

李仲辉，1996. 黄线狭鳕骨骼的研究 [J]. 动物学杂志，31 (2)：5 - 9.

李仲辉，2000. 鲐和蓝点马鲛骨骼系统的比较 [J]. 湛江海洋大学学报，20 (3)：1 - 6.

李仲辉，2001. 鲻 *Mugi lcephalus* L. 与尖头鲅 *Liza tade* (Forskal) 骨骼系统的比较 [J]. 湛江海洋大学学报，21 (4)：1 - 6.

李仲辉，2002. 乌鲳骨骼系统的研究 [J]. 河南师范大学 (自然科学版)，30 (1)：81 - 84.

李仲辉，2004. 眼镜鱼 *Mene maculata* (Bloch et Scheider) 骨骼的研究 [J]. 河南师范大学学报 (自然科学版)，32 (1)：73 - 77.

李仲辉，陈勇，1998. 短盖巨脂鲤骨骼系统的研究 [J]. 河南师范大学学报 (自然科学版)，26 (2)：56 - 59.

李仲辉，杨太有，2005a. 乳香鱼骨骼的研究 [J]. 河南师范大学学报 (自然科学版)，33 (2)：86 - 89.

李仲辉，杨太有，2005b. 杜氏鰳骨骼的研究 [J]. 河南师范大学学报 (自然科学版)，33 (4)：160 - 162.

梁琍，桂庆平，冉辉，等，2016. 野生与养殖黄颡鱼鱼卵的营养成分比较 [J]. 水产科学，35 (5)：522 - 527.

林义浩，2003. 广东纹胸鮡属鱼类一新种 (鲇形目，鮡科) [J]. 动物分类学报，28 (1)：159 - 162.

刘彩霞，彭作刚，何舜平，2005. 长臀鮠属多变量形态分析及物种有效性分析 [J]. 水生生物学报，29 (5)：507 - 512.

刘鸿艳，2006. 黑斑原鮡同工酶的研究 [D]. 武汉：华中农业大学.

刘绍平，王珂，袁希平，等，2010. 怒江扎那纹胸鮡的遗传多样性和遗传分化 [J]. 遗传，32 (3)：254 - 263.

刘新轶，冯晓宇，谢楠，等，2008. 粗唇鮠肌肉营养成分分析 [J]. 江西水产科技，4：24 - 27.

刘跃天，田树魁，冷云，等，2010. 野生巨鲶生物学特性研究 [J]. 现代农业科技 (18)：302 - 307.

刘哲，张昌吉，王欣，等，2004. 金鳟含肉率及肌肉营养成分分析 [J]. 淡水渔业，34 (6)：23 - 25.

罗泉笙，钟明超，1990. 青石爬鮡头骨形态的观察 [J]. 西南师范大学学报，15 (2)：78 - 83.

马宝珊，2011. 异齿裂腹鱼个体生物学和种群动态研究 [D]. 武汉：华中农业大学.

马秀慧，2015. 中国鮡科鱼类系统发育、生物地理及高原适应进化研究 [D]. 重庆：西南大学.

毛东东，张凯，欧红霞，等，2018. 2 种饲料投喂下草鱼肌肉品质的比较分析 [J]. 动物营养学报，30 (6)：1 - 9.

孟庆闻，苏锦祥，李婉端，1987. 鱼类比较解剖 [M]. 北京：科学出版社.

莫天培，褚新洛，1986. 中国纹胸鮡属 *Glyptothorax* Blyth 鱼类的分类整理 (鲇形目 Siluriformes，鮡科 Sisoridae) [J]. 动物学研究 (4)：339 - 350.

潘艳云，冯健，杜卫萍，等，2009. 石爬鮡含肉率及肌肉营养成分分析 [J]. 水生生物学报，33 (5)：980 - 985.

彭士明，施兆鸿，孙鹏，等，2012. 饲料组成对银鲳幼鱼生长率及肌肉氨基酸、脂肪酸组成的影响 [J]. 海洋渔业，34 (1)：51 - 56.

彭作刚，2002. 中国鲇形目鱼类和相关类群细胞色素 b 基因序列变异及其科间系统发育关系研究 [D].

重庆：西南师范大学.

任修海，崔建勋，余其兴，1992. 黑斑原鮡的染色体组型及 NOR 单倍性 [J]. 遗传，14（6）：10-11.

邵韦涵，樊启学，张诚明，等，2018. 黄颡鱼、瓦氏黄颡鱼及"黄优1号"肌肉营养成分比较 [J]. 华中农业大学学报，37（2）：76-82.

申严杰，蒲德永，高梅，等，2005. 福建纹胸鮡年龄与生长的初步研究 [J]. 西南农业大学学报（自然科学版）（1）：106-110.

石世师，杨明秋，2017. 桑江鱼类资源及其保护建议 [J]. 农村经济与科技（7）：59-61.

苏锦祥，1960. 白鲢的系统解剖 [M]. 北京：科学出版社.

孙海坤，韩雨哲，孙建富，等，2016. 四个不同地理鲇群体肌肉营养组成的比较分析 [J]. 水生生物学报，40（3）：493-500.

唐文家，李柯懋，陈燕琴，等，2011. 黄石爬鮡生物学特性及保护建议 [J]. 河北渔业（6）：19-21.

田树魁，薛晨江，冷云，等，2009. 巨魾的生物学特性初步研究 [J]. 水生态学杂志（3）：115-117.

王崇，梁银铨，张宇，等，2017. 短须裂腹鱼营养成分分析与品质评价 [J]. 水生态学杂志，38（4）：96-100.

王大忠，陈宜瑜，李学英，1999. 金线鲃属的系统发育分析（鲤形目：鲤科：鲃亚科）[J]. 遵义医学院学报，22（1）：1-6.

王龙涛，2015. 怒江上游水电开发对鱼类栖息环境影响分析及保护 [D]. 武汉：华中农业大学.

王泪，王怀林，刘明镜，等，2009. 涪江下游福建纹胸鮡可量性状的初步研究 [J]. 安徽农业科学（21）：10020-10022.

王寿昆，1997. 中国主要河流鱼类分布及其种类多样性与流域特征的关系 [J]. 生物多样性，5（3）：197-201.

王思宇，郑永华，唐洪玉，等，2018. 灰裂腹鱼肌营养分析与评价 [J]. 淡水渔业，48（2）：80-86.

王伟，陈默怡，何舜平，2003. 中国鮡科鱼类 RAPD 分析及鳅鮡鱼类单系性的初步研究. 水生生物学报 [J]，27（1）：92-94.

王绪桢，何舜平，2002. 异鲴的骨骼形态及其属的分类位置 [J]. 水生生物学报，26（3）：253-258.

王永明，申绍祎，史晋绒，等，2015. 黄石爬鮡消化系统组织学观察 [J]. 重庆师范大学学报（自然科学版），32（6）：42-45.

魏杰，王帅，聂竹兰，等，2013. 塔里木裂腹鱼肌肉营养成分分析与品质评价 [J]. 营养学报，35（2）：203-205.

温安祥，曾静康，何涛，2003. 齐口裂腹鱼肌肉的营养成分分析 [J]. 水利渔业，125（1）：13-15.

伍献文，何名臣，褚新洛，1981. 西藏地区的鮡科鱼类 [J]. 海洋与湖沼，12（1）：74-79.

武彦文，欧阳杰，2001. 氨基酸和肽在食品中的呈味作用 [J]. 中国调味品，263（1）：21-24.

武云飞，康斌，吴翠珍，1999. 西藏鱼类染色体多样性的研究 [J]. 动物学研究，20（4）：258-264.

武云飞，吴翠珍，1991. 青藏高原鱼类 [M]. 成都：四川科学技术出版社.

西藏自治区水产局，1995. 西藏鱼类及其资源 [M]. 北京：中国农业出版社.

肖海，代应贵，张晓杰，等，2010. 我国鮡科鱼类种质资源研究进展 [J]. 广东农业科学，37（8）：180-182.

谢从新，李红敬，李大鹏，等，2007. 黑斑原鮡特殊器官-腹腔外肝 [J]. 自然科学进展（5）：683-686.

谢少林，陈金涛，王超，等，2014. 珠江水系不同地理居群长臀鮠肉质品质的对比分析 [J]. 淡水渔业，44（2）：20-24.

谢仲桂，2003. 华鳊属鱼类形态变异和种间系统发育关系及其与鲌亚科相关类群分子进化的研究 [D]. 武汉：华中农业大学.

谢仲桂，张鹗，何舜平，2001. 应用形态度量学方法对中华纹胸鳅和福建纹胸鳅物种有效性的研究 [J]. 华中农业大学学报，20（2）：169-172.

熊冬梅，2010. 黑斑原鳅消化生理的研究 [D]. 武汉：华中农业大学.

薛芹，2005. 黑斑原鳅线粒体 DNA 序列的遗传多样性分析 [D]. 武汉：华中农业大学.

严安生，熊传喜，钱健旺，等，1995. 鳜鱼含肉率及鱼肉营养价值的研究 [J]. 华中农业大学学报，14（1）：80-84.

杨安峰，程红，1999. 脊椎动物比较解剖学 [M]. 北京：北京大学出版社.

杨汉运，黄道明，2011. 雅鲁藏布江中上游鱼类区系和资源状况初步调查 [J]. 华中师范大学学报（自然科学版），45（4）：629-633.

杨家云，2005. 黄颡鱼头骨的研究 [J]. 重庆三峡学院学报，21（3）：92-95.

杨军山，陈毅峰，2004. 副沙鳅属系统发育分析 [J]. 动物分类学报，29（2）：173-180.

杨君兴，陈银瑞，1994. 倒刺鲃属鱼类系统分类的研究 [J]. 动物学研究，15（4）：1-10.

杨丽萍，周伟，2013. 长石爬鳅 3 个地理群体遗传多样性的 RAPD 分析 [J]. 水生态学杂志，34（2）：85-89.

杨品红，王志陶，夏德斌，等，2010. 黑花鲢（Aristichthys nobilis）和白花鲢肌肉营养成分分析及营养价值评定 [J]. 海洋与湖沼，41（4）：549-554.

杨青瑞，陈求稳，马徐发，2011. 雅砻江下游鱼类资源调查及保护措施 [J]. 水生态学杂志，32（3）：94-98.

杨太有，李仲辉，2006. 鲃亚科花型鱼类骨骼系统的比较 [J]. 动物学杂志，41（2）：87-93.

杨秀平，张敏莹，刘焕章，2002. 中国似鮈属鱼类的形态变异及地理分化研究 [J]. 水生生物学报，26（3）：281-286.

杨颖，2006. 中国鳅科鳔鳅群的系统分类 [D]. 昆明：西南林学院.

杨元昊，李维平，龚月生，等，2009. 兰州鲇肌肉生化成分分析及营养学评价 [J]. 水生生物学报，33（1）：54-60.

姚景龙，陈毅峰，李堃，等，2006. 中华鳅与前臀鳅得形态差异和物种有效性 [J]. 动物分类学报，31（1）：11-17.

姚景龙，严云志，高勇，等，2007. 扁头鳅地理种群形态变异的研究兼论大鳍鳅的物种有效性 [J]. 动物分类学报（4）：814-821.

印江平，郑永华，唐洪玉，等，2017. 小裂腹鱼肌肉营养成分分析与营养评价 [J]. 营养学报，39（6）：610-612.

于美玲，何舜平，2012. 鳅科鱼类系统发育关系分析及其分歧时间估算 [J]. 中国科学：生命科学，42（4）：277-285.

于琴芳，邓放明，2012. 鲢鱼、小黄鱼、鳕鱼和海鳗肌肉中营养成分分析及评价 [J]. 农产品加工（学刊），292（9）：11-14，18.

余梵冬，王德强，顾党恩，等，2018. 海南岛南渡江鱼类种类组成和分布现状 [J]. 淡水渔业（2）：58-67.

余云军，武云飞，2004. 几种鲈形目鱼类口腔齿的比较研究 [J]. 中国海洋大学学报，34（1）：29-36.

俞利荣，乐佩琦，1996. 似鮈类鱼类的系统发育研究 [J]. 动物分类学报，21（2）：244-253.

张本，陈国华，1996. 四种石斑鱼氨基酸组成的研究 [J]. 水产学报，20（2）：111-119.

张春光，贺大为，1997. 西藏的渔业资源 [J]. 生物学通报，32（6）：9-10.

张丁玲，2013. 青藏高原水资源时空变化特征的研究 [D]. 兰州：兰州大学.

张惠娟，2011. 黑斑原鳅肝脏的发生及相关生物学适应性研究 [D]. 武汉：华中农业大学.

张升利, 孙向军, 张欣, 等, 2013. 长吻鮠含肉率及肌肉营养成分分析 [J]. 大连海洋大学学报, 28 (1): 83 - 88.

张学健, 程家骅, 2009. 鱼类年龄鉴定研究概况 [J]. 海洋渔业, 31 (1): 92 - 99.

张耀光, 王德寿, 蒲德永, 1995. 嘉陵江鲶科鱼类骨学研究 (Ⅲ)——头骨的比较 [J]. 西南师范大学学报 (自然科学版), 20 (3): 284 - 292.

周传江, 2011. 鲇形目若干类群分子系统学及生物地理学研究 [D]. 重庆: 西南大学.

周伟, 2000. 云南湿地生态系统鱼类物种濒危机制初探 [J]. 生物多样性, 8 (2): 163 - 168.

周伟, 褚新洛, 1992. 鮡科褶鮡属鱼类一新种兼论其骨骼形态学的种间分化 (鲇形目: 鮡科) [J]. 动物分类学报, 17 (1): 110 - 115.

周伟, 李旭, 杨颖, 2005. 中国鮡科鰋鮡类群系统发育与地理分布格局研究进展 [J]. 动物学研究, 26 (6): 256 - 261.

周贤君, 代应贵, 2013. 喀斯特地区四川裂腹鱼肌肉营养成分分析 [J]. 渔业现代化, 40 (4): 32 - 35, 50.

周兴华, 向枭, 陈建, 2006. 重口裂腹鱼肌肉营养成分的分析 [J]. 营养学报, 28 (6): 536 - 537.

周用武, 2002. 鮡科褶鮡属鱼类系统分类及分子进化研究 [D]. 昆明: 西南林学院.

周用武, 庞峻峰, 周伟, 等, 2007. 鮡科褶鮡属鱼类部分线粒体 DNA 序列分析与分子进化 [J]. 西南林学院学报 (3): 45 - 51.

朱图寿, 后永昆, 何德权, 2016. 普洱市土著野生鱼类资源现状分析及保护对策 [J]. 云南农业科技 (5): 16 - 18.

字应伟, 骆永德, 郎所, 2000. 寄生于细尾异齿鰋的新施分虫一新种 [J]. 云南大学学报 (自然科学版) (5): 394 - 395.

Aflitos S, Schijlen E, Jong H, et al., 2014. Exploring genetic variation in the tomato (*Solanum section Lycopersicon*) clade by whole - genome sequencing [J]. Plant Journal, 80: 136 - 48.

Avise J C, 2000. Phylogeography: the history and formation of species [M]. Cambridge, MA: Harvard University Press.

Axelsson E, Ratnakumar A, Arendt M - L, et al., 2013. The genomic signature of dog domestication reveals adaptation to a starch - rich diet [J]. Nature, 495: 360 - 364.

Che J, Zhou W W, et al., 2010. Spiny frogs (Paini) illuminate the history of the Himalayan region and Southeast Asia [J]. Proceedings of the National Academy of Sciences of the United States of America, 107: 13765 - 13770.

De Pinna, Mario C C, 1996. A phylogenetic analysis of the Asian catfish families Sisoridae, Akysidae, and Amblycipitidae, with a hypothesis on the relationships of the neotropical Aspredinidae (Teleostei: Ostariophysi) [J]. Fieldiana Zool (N S), 84: 1 - 83.

Dingerkus G, Uhler L D, 1977. Enzyme clearing of alcian blue stained whole vertebrates for demonstration of cartilage [J]. Stain Techno, 52 (4): 229 - 232.

Durand J D, Templeton A R, et al., 1999. Nested clade and phylogeographic analysis of the chub, *Leuciscus cephalus* (Teleostei, Cyprinidae), in Greece: Implications for Balkan Peninsula biogeography [J]. Molecular Phylogenetics and Evolution, 13: 566 - 580.

Fischer J E, Rosen H M, Ebeid A M, et al., 1976. The effect of normalization of plasma amino acids on hepatic encephalopathy in man [J]. Surgery，80：77－91.

Guo B，Zou M，Wagner A，2012. Pervasive indels and their evolutionary dynamics after the fish－specific genome duplication [J]. Molecular Biology and Evolution，29：3005－3022.

Guo X，He S，Zhang Y，2005. Phylogeny and biogeography of Chinese sisorid catfishes re－examined using mitochondrial cytochrome b and 16S rRNA gene sequences [J]. Mol Phylogenet Evol，35：344－62.

Guo X，He S，Zhang Y，2007. Phylogenetic relationships of the Chinese sisorid catfishes：a nuclear intron versus mitochondrial gene approach [J]. Hydrobiologia，579：55－68.

Harr B，Price T，2012. Speciation：clash of the genomes [J]. *Current Biology*，22：R1044－R1046.

Hassanin A，Ropiquet A，Couloux A，et al.，2009. Evolution of the mitochondrial genome in mammals living at high altitude：new insights from a study of the tribe Caprini（Bovidae，Antilopinae）[J]. Journal of molecular evolution，68：293－310.

He S P，1996. The phylogeny of the glyptosternoid fishes（Teleostei：Silurformes，Sisoridae）[J]. Cybium，20（2）：115－159.

He S P，Cao W X，Chen Y Y，2001. The uplift of Qinghai－Xizang（Tibet）Plateau and the vicariance speciation of glyptosternoid fishes（Siluriformes：Sisoridae）[J]. Sc China（Series C），44：644－651.

Hewitt G M，2004. Genetic consequences of climatic oscillations in the Quaternary [J]. Philosophical Transactions of the Royal Society of London Series B－Biological Sciences，359：183－195.

Hewitt G，2000. The genetic legacy of the Quaternary ice ages [J]. Nature，405：907－913.

Hora S L，1939. The game fishes of Indian，Part Ⅵ. The Goonch，*Bagarius*（Hamilton）[J]. Journal of the Bombay Natural History Society，40：583－593.

Hora S L，Silas E G，1952a. Evolution and distribution of glyptosternoid fishes of the family Sisoridae（order：Siluridae）[J]. Proc Nati Inst Sci India，18：309－322.

Hora S L，Silas E G，1952b. Notes on fishes in the Indian Museum，ⅩLⅦ. Revision of glyptosternoid fishes of the family Sisoridae，with description of new genera and species [J]. Rec Indian Mus，49：5－30.

Hurwood D，et al.，1998. Phylogeography of the freshwater fish，*Mogurnda adspersa*，in streams of northeastern Queensland，Australia：evidence for altered drainage patterns [J]. Molecular Ecology，7：1507－1517.

Joseph B，Corwin J A，Kliebenstein D J，2015. Genetic variation in the nuclear and organellar genomes modulates stochastic variation in the metabolome，growth，and defense [J]. PLoS genetics，11：1.

Koch L，2014. Genome evolution：evolutionary insights from comparative bear genomics [J]. Nature Reviews Genetics，15：442－443.

Li S F，Wang C，Cheng Q，2005. Morphological variations and phylogenesis of four strains in *Cyprinus carpio* [J]. Journal of Fisheries of China，29（5）：606－611.

Li Y，Ren Z，Shedlock AM，et al.，2013. High altitude adaptation of the schizothoracine fishes（Cyprinidae）revealed by the mitochondrial genome analyses [J]. Gene，517：78－169.

Li S H，Yeung C K L，et al.，2009. Sailing through the Late Pleistocene：unusual historical demography of an East Asian endemic，the Chinese Hwamei（*Leucodioptron canorum*），during the last glacial period [J]. Molecular Ecology，18：622－633.

Luo Y，Chen Y，Liu F，et al.，2012. Mitochondrial genome of Tibetan wild ass（*Equus kiang*）reveals substitutions in NADH which may reflect evolutionary adaptation to cold and hypoxic conditions [J]. Asia Life Sciences, 21: 1 – 11.

Luo Y, Gao W, Gao Y, et al. 2008. Mitochondrial genome analysis of *Ochotona curzoniae* and implication of cytochrome coxidase in hypoxic adaptation [J]. Mitochondrion, 8 (5 – 6): 352 – 357.

Montoya – Burgos, J I, 2003. Historical biogeography of the catfish genus *Hypostomus* (Siluriformes: Loricariidae), with implications on the diversification of Neotropical ichthyofauna [J]. Molecular Ecology, 12: 1855 – 1867.

Musick J A, 1999. Ecology and conservation of long – lived marine animals [J]. American Fisheries Society Symposium, 23: 1 – 10.

Peng A G, He S P, Zhang Y G, 2004. Phylogenetic relationships of glyptosternoid fishes (Siluriformes: Sisoridae) inferred from mitochondrial cytochrome b gene sequences [J]. Mol Phylogenet Evol, 31 (3): 979 – 998.

Peng Z, Ho S Y, Zhang Y, et al., 2006. Uplift of the Tibetan plateau: evidence from divergence times of glyptosternoid catfishes [J]. Mol Phylogenet Evol, 39: 568 – 572.

Qi D L, et al., 2007. Genetic diversity and historical population structure of *Schizopygopsis pylzovi* (Teleostei: Cyprinidae) in the Qinghai – Tibetan Plateau [J]. Freshwater Biology, 52: 1090 – 1104.

Qu Y H, Lei F M, 2009. Comparative phylogeography of two endemic birds of the Tibetan plateau, the white – rumped snow finch (*Onychostruthus taczanowskii*) and the Hume's ground tit (*Pseudopodoces humilis*) [J]. Molecular Phylogenetics and Evolution, 51: 312 – 326.

Qu Y, Lei F, Zhang R, et al., 2010. Comparative phylogeography of five avian species: implications for Pleistocene evolutionary history in the Qinghai – Tibetan plateau [J]. Molecular Ecology, 19: 338 – 351.

Regan C T, 1905. Descriptions of five new cyprinid fishes from Lhasa, Tibet, collected by Captain HJ Waller [J]. AM Mag Nat Hist, 1 (7): 185 – 188.

Regan C T, 1908. Description of three new freshwater fishes from China [J]. Ann. Mag, nat. Hist, 8 (1): 110.

Soria – Carrasco V, Gompert Z, Comeault A A, et al., 2014. Stick insect genomes reveal natural selection's role in parallel speciation [J]. Science, 344: 738 – 742.

Streelman J T, et al., 2003. The stages of vertebrate evolutionary radiation [J]. Trends in Ecology & Evolution: 126 – 131.

Thomas A, 1997. The climate of the Gongga Shan range, Sichuan Province, PR China [J]. Arctic and Alpine Research, 29: 226 – 232.

Van Leuven J T, Meister R C, Simon C, et al., 2014. Sympatric speciation in a bacterial endosymbiont results in two genomes with the functionality of one [J]. Cell, 158: 1270 – 1280.

Yan F, Zhou W, Zhao H, et al., 2013. Geological events play a larger role than Pleistocene climatic fluctuations in driving the genetic structure of *Quasipaa boulengeri* (Anura: Dicroglossidae) [J]. Molecular Ecology, 22: 1120 – 1133.

Yang Z, 2007. PAML 4: Phylogenetic analysis by maximum likelihood [J]. Molecular Biology and Evolution, 24: 1586 – 1591.

Yu D, Chen M, Tang Q, et al., 2014. Geological events and Pliocene climate fluctuations explain the phylogeographical pattern of the cold water fish *Rhynchocypris oxycephalus* (Cypriniformes: Cyprinidae) in China [J]. BMC Evolutionary Biology, 14: 1.

Yu M L, He S P, 2012. Phylogenetic relationships and estimation of divergence times among Sisoridae catfishes [J]. Science China (Life Sciences), 55: 312 – 320.

Zhang G, Li C, Li Q, et al., 2014. Comparative genomics reveals insights into avian genome evolution and adaptation [J]. Science, 346: 1311 – 20.

Zhang R Y, Ludwig A, et al., 2015. Local adaptation of *Gymnocypris przewalskii* (Cyprinidae) on the Tibetan Plateau [J]. Scientific Reports, 5: 9780.

Zhou C J, Wang X Z, Gan X N, et al., 2016. Diversification of Sisorid catfishes (Teleostei: Siluriformes) in relation to the orogeny of the Himalayan Plateau [J]. Science Bulletin, 61: 991 – 1002.

Zhou J S, Min Z P, Li B H, et al., 2016. Preliminary report on artificial propagation of Tibet *Glyptosternum maculatum* [J]. Agricultural Science & Technology, 8: 1952 – 1955.

Zhou J S, Wang W L, Zhu T B, et al., 2018. Analysis and evaluation of the nutritional components in muscle of *Glyptosternum maculatum* [J]. Fisheries Science, 6: 775 – 780.

Zhou W, Li X, Thomson A. W, 2011. A new genus of Glyptosternine catfish (Siluriformes: Sisoridae) with descriptions of two new species from Yunnan, China [J]. Copeia, 226 – 241.

图书在版编目（CIP）数据

黑斑原鮡种质资源保护与开发利用／周建设等主编
. —北京：中国农业出版社，2024.4
　（中国西藏重点水域渔业资源与环境保护系列丛书／
陈大庆主编）
　ISBN 978 - 7 - 109 - 31906 - 6

　Ⅰ. ①黑…　Ⅱ. ①周…　Ⅲ. ①鮡科—种质资源—研究
—中国　Ⅳ. ①Q959.483

中国国家版本馆 CIP 数据核字（2024）第 076244 号

本书的主要研究得到了农业农村部财政专项"西藏重点水域渔业资源与环境调查"，西藏自治区
财政项目"黑斑原鮡人工驯养及繁育技术研究"〔藏财农指（专）字〔2014〕69 号〕，西藏自治区重点
研发及转化项目"黑斑原鮡苗种规模化繁育与后备亲鱼种质保存"和"黑斑原鮡全人工繁殖技术研究"
（XZ202202ZY0002N）等项目的支持。

中国农业出版社出版

地址：北京市朝阳区麦子店街 18 号楼
邮编：100125
责任编辑：肖　邦　王金环
版式设计：王　晨　责任校对：吴丽婷
印刷：北京通州皇家印刷厂
版次：2024 年 4 月第 1 版
印次：2024 年 4 月北京第 1 次印刷
发行：新华书店北京发行所
开本：787mm×1092mm　1/16
印张：9.75　插页：10
字数：247 千字
定价：108.00 元

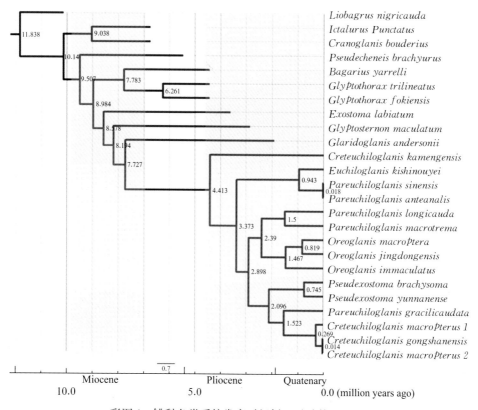

彩图 1　鮡科鱼类系统发育时间树（马秀慧，2015）

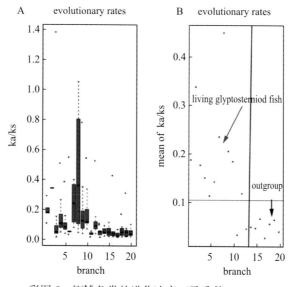

彩图 2　鰋鮡鱼类的进化速率（马秀慧，2015）

A. 红色盒形图表示鰋鮡鱼类，蓝色表示非鰋鮡鱼类　B. Ka/Ks 的散点图，

现生的鰋鮡类高于（红色箭头所示）非鰋鮡类（黑色箭头所示）

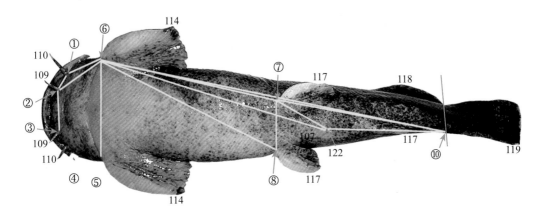

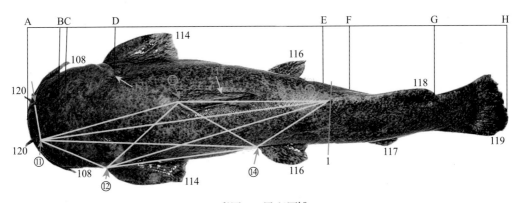

彩图 3　黑斑原鮡

①颌须起点　②颐须起点　⑤胸鳍基部起点　⑦腹鳍基部起点　⑨臀鳍基部起点　⑩尾鳍基部　⑪鼻须基部起点　⑫胸鳍基部起点　⑬背鳍基部起点　⑭腹鳍基部起点　⑮脂鳍基部起点

A-B. 吻长　A-D. 头长　C-D. 眼后头长　B-C. 眼径　D-E. 躯干部　E-H. 尾长　F-G. 尾柄长　A-G. 体长　A-H. 全长　E. 泄殖腔　F. 臀鳍基部起点　G. 尾鳍基

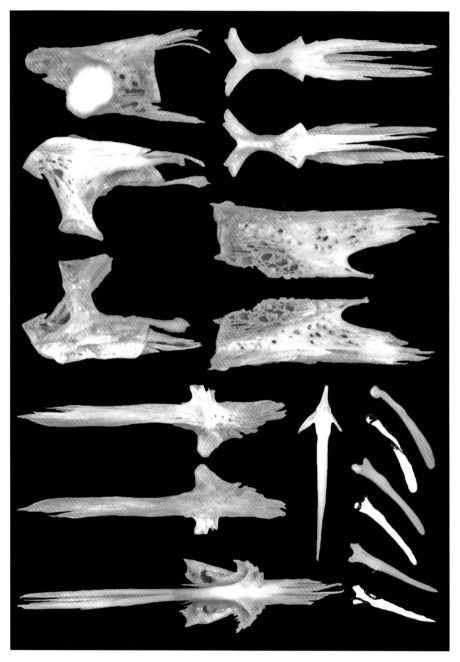

彩图 4　脑颅骨骼 1

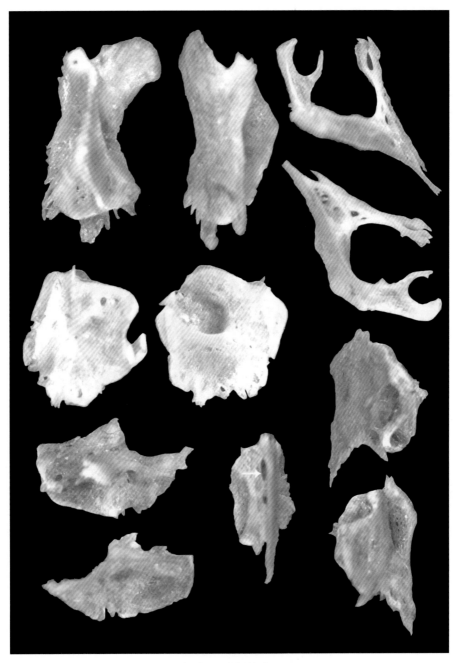

彩图 5　脑颅骨骼 2

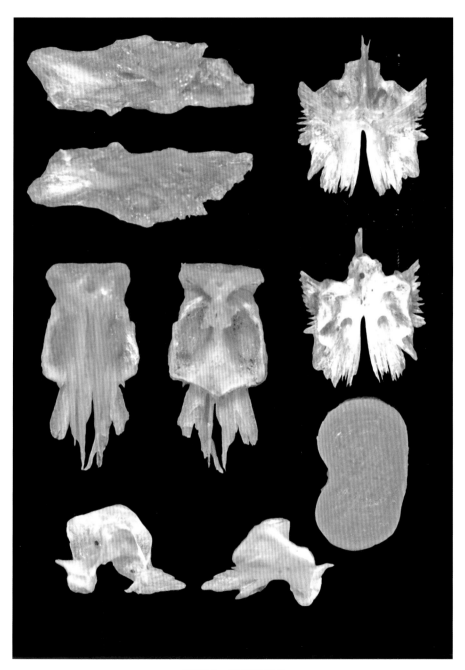

彩图 6　脑颅骨骼 2

彩图 7　上颌部分零散的咽颅骨骼

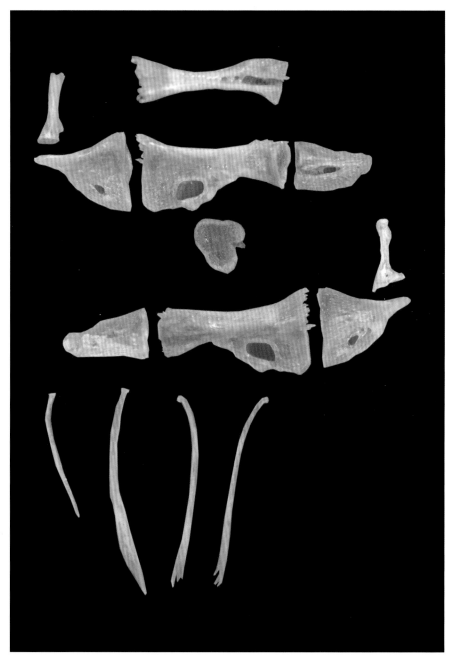

彩图 8　部分舌弓

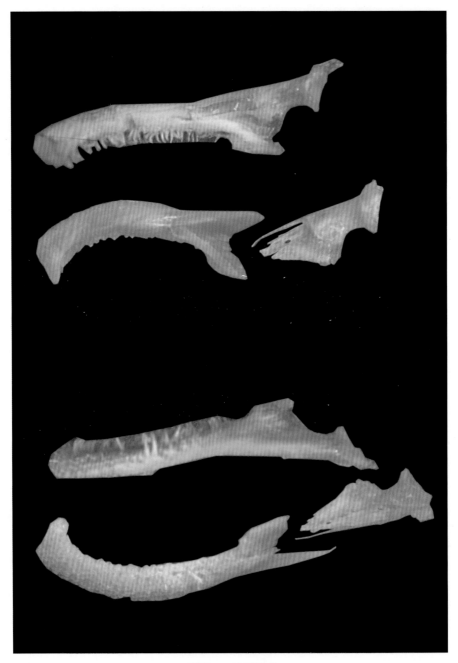

彩图 9　下颌骨系

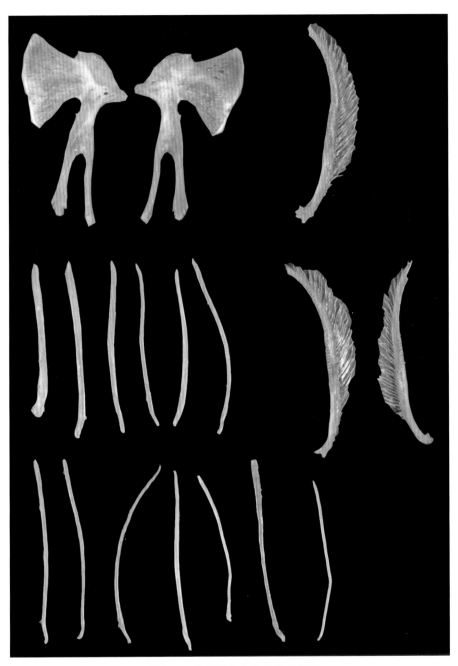

彩图 10　腹鳍部分分散骨骼及腹肋

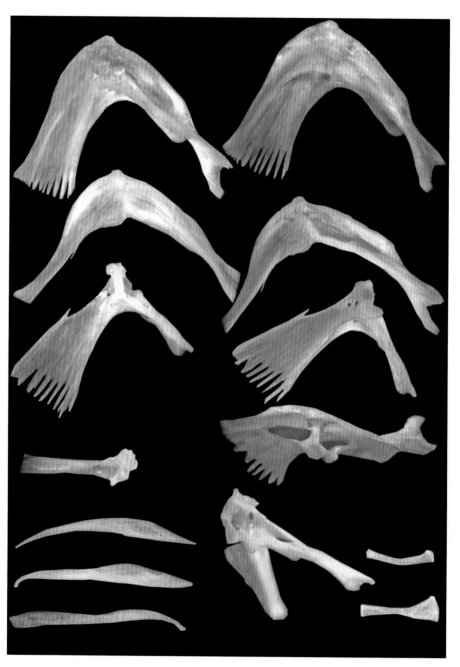

彩图 11　肩　带

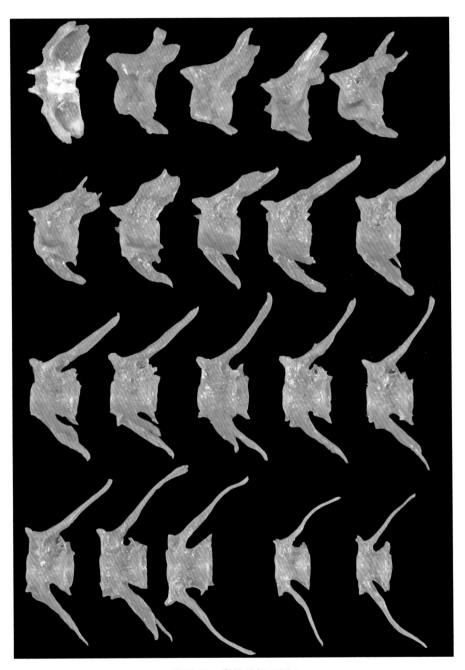

彩图 12　脊椎骨侧面图 1

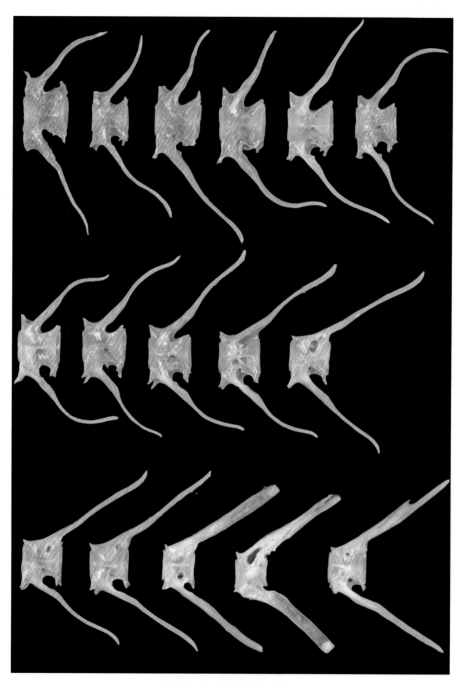

彩图 13　脊椎骨侧面图 2

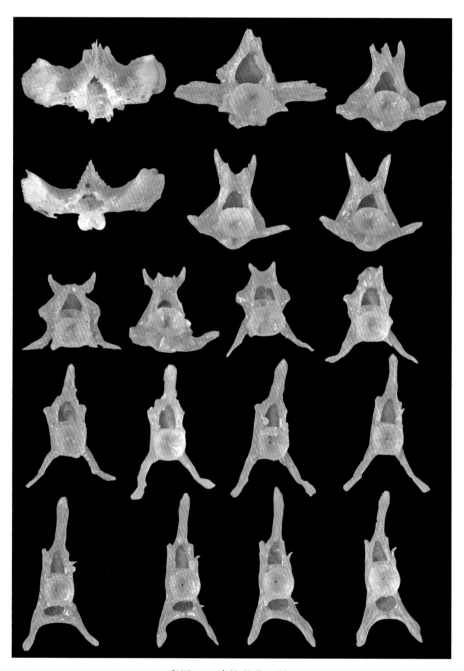

彩图 14　脊椎骨背面图 1

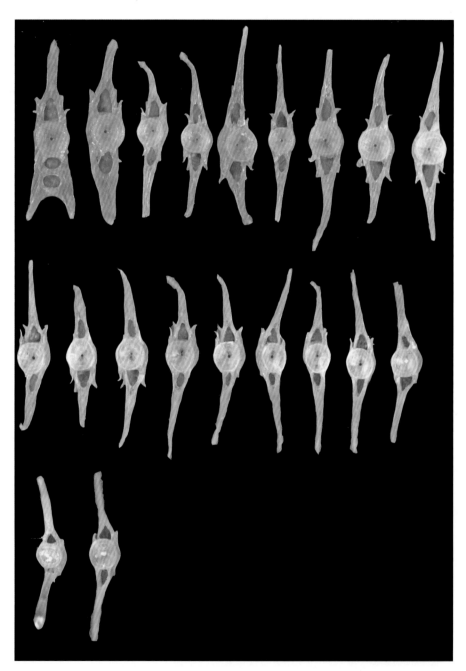

彩图 15　脊椎骨背面图 2

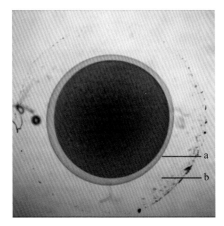

彩图 16 受精卵的双层卵膜

a. 内层卵膜　b. 外层卵膜

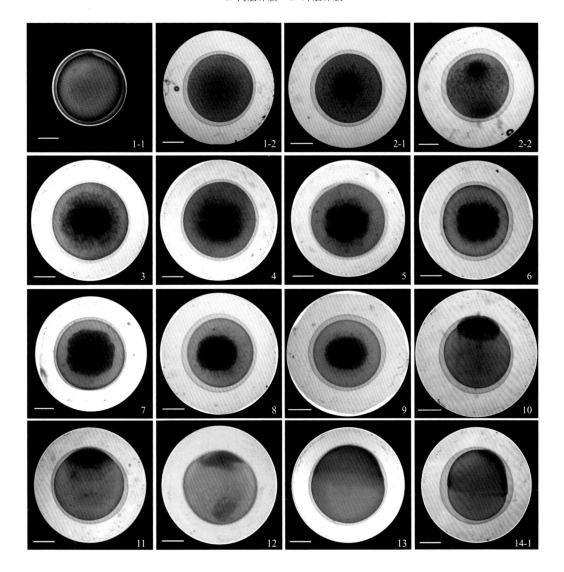

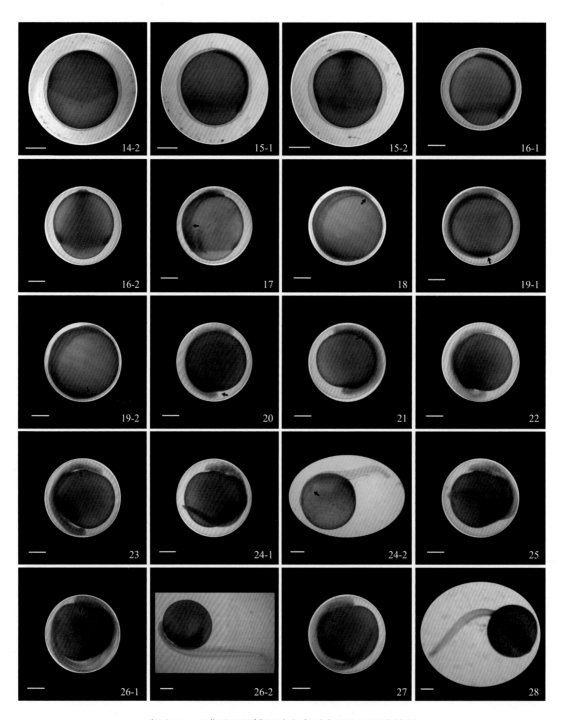

彩图 17　西藏黑斑原鮡胚胎发育时序及主要形态特征

	I 组	II 组	III 组	IV 组	V 组	VI 组	VII 组	VIII 组	IX 组	X 组	XI 组
■ 人工配合饲料	0	0	0	0	0	0	0	0	0	0	100
■ 苍蝇幼虫	0	0	0	0	0	0	0	0	0	50	0
■ 轮虫	0	0	0	0	0	0	0	0	33.3	0	0
■ 螺旋藻	0	0	0	50	50	50	33.3	33.3	33.3	0	0
■ 猪肝	0	0	0	100	0	50	0	33.3	0	0	0
■ 摇蚊幼虫	0	0	100	0	0	50	0	33.3	0	0	0
■ 微粒子	0	100	0	0	50	0	33.3	33.3	33.3	50	0

彩图 18　不同开口饵料及其组合配比（％）

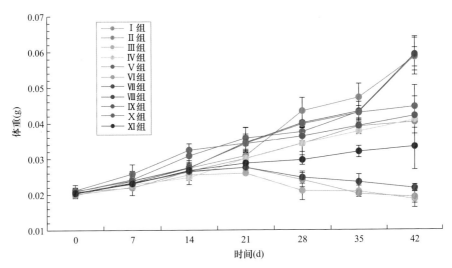

彩图 19　不同开口饵料对黑斑原鮡仔鱼体质量生长情况

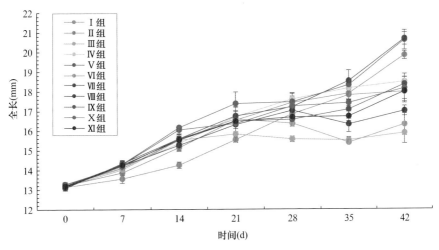

彩图 20　不同开口饵料对黑斑原鮡仔鱼全长生长情况

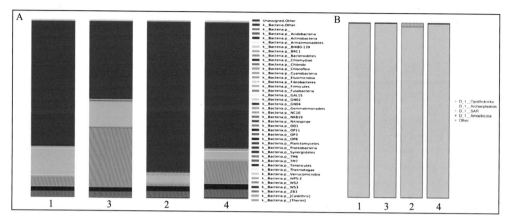

彩图 21 黑斑原鮡各样本中细菌和真菌在门水平下各样本物种相对丰度

A. 各样本中细菌的相对丰度柱状图 B. 各样本中真菌的相对丰度柱状图

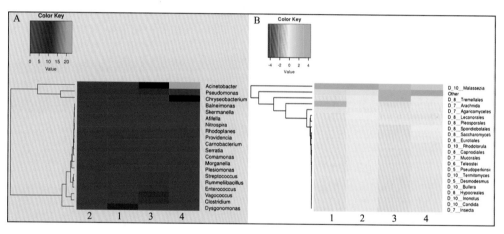

彩图 22 黑斑原鮡各样本中细菌和真菌排名前 20 的属的物种聚类

A. 各样本中细菌的物种聚类图 B. 各样本中真菌的物种聚类图

彩图 23 送检鱼苗活动正常或集群　　彩图 24 对送检鱼进行体表与鳃的寄生虫检查

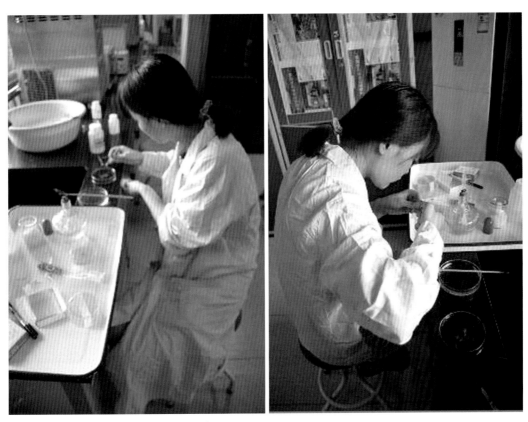

彩图 25　送检鱼肝脏取样接种 BHIA 平板

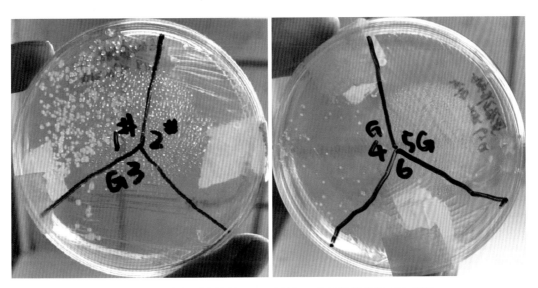

彩图 26　送检鱼肝脏接种 BHIA 平板 28 ℃恒温箱培养 32 h 情况

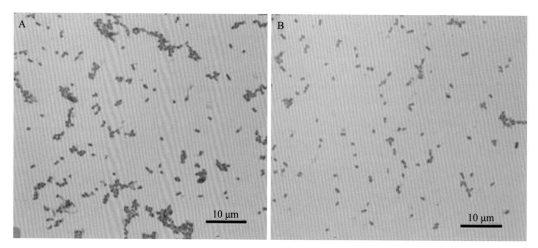

彩图 27　1 号菌和 4 号菌为 G-短杆菌

A. 1 号菌　B. 4 号菌

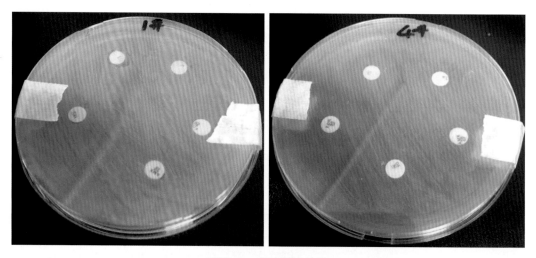

彩图 28　药敏测试结果

彩图 29　病毒（CEV、IHNV 与 SVCV）PCR 检测